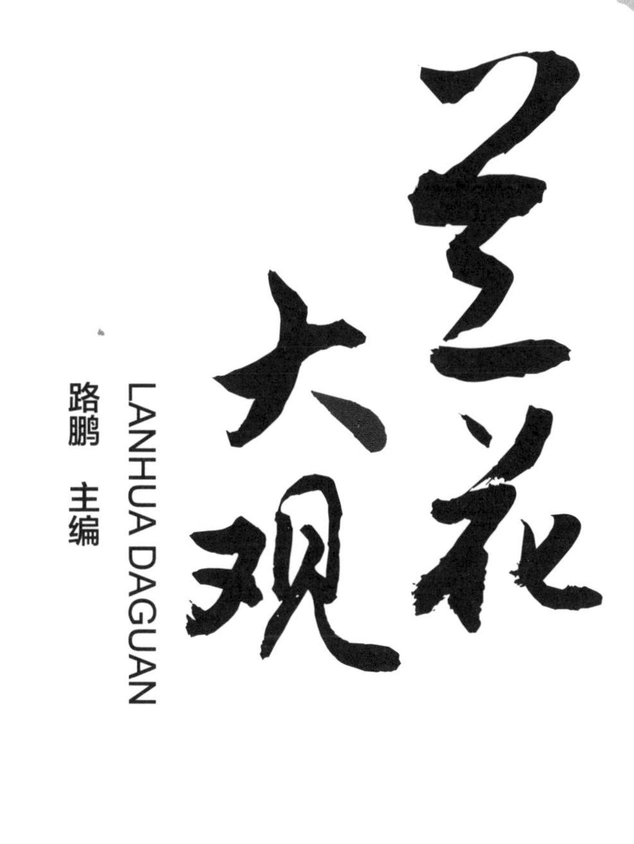

LANHUA DAGUAN

路鹏 主编

中国林业出版社

《兰花大观》编委会

主　　编：路　鹏

撰　　稿：汤久杨　陈兰芬　陈　飞　曹世超

策　　划：吴国浩　黄　河

插　　图：陈　骏　夏友桃

图书在版编目（CIP）数据

兰花大观 / 路鹏主编. -- 北京：中国林业出版社,2015.9

ISBN 978-7-5038-8136-7

Ⅰ. ①兰… Ⅱ. ①路… Ⅲ. ①兰科—花卉—普及读物
Ⅳ. ①S682.31-49

中国版本图书馆CIP数据核字(2015)第209857号

责任编辑：盛春玲　何增明
装帧设计：刘临川
出版发行：中国林业出版社
（100009 北京西城区刘海胡同7号）
http://lycb.forestry.gov.cn
电　　话：010-83143567
印　　刷：北京卡乐富印刷有限公司
版　　次：2015年9月第1版
印　　次：2015年9月第1次印刷
开　　本：889mm × 1194mm　1/16
印　　张：14
字　　数：290千字
定　　价：68.00元

前 言

值第四届中国兰花大会举办之际，编《兰花大观》一书，希望借此进一步普及兰花养植与观赏知识，发掘、弘扬历史悠久的兰花文化，助推精神文明和生态文明建设，提升人文素养及城市品位，丰富民众的文化生活。

本书分为上下两部分，上篇为兰花栽培与鉴赏，从植物学角度进行科普，介绍兰科植物的类别、观赏价值、养植技巧等内容。下篇为兰花与传统文化，从与兰花有关的词汇、诗文、著作、名人故事、传说等部分着眼，全面系统地收录了散布在中国古代典籍里和兰有关的优秀作品。

国人爱兰，可以追溯到七千年以前，且有实物和文献为证。国人赏兰，已不仅仅是赏花那么简单，而是将兰花的姿态、香气和人的气质、物之美好紧密联系在一起，使之化为人们日常生活的一部分，这是中华民族欣赏兰花的独特体验和深层次情感表达。兰花带给国人更多精神追求的同时，中华文化也赋予兰花新的生命意义。在我国数千年育兰赏兰的过程中，不乏关于兰花的经典著作，如《金漳兰谱》介绍种兰育兰，《全芳备祖》收录诗文逸事，《芥子园画传 · 兰谱》讲解绘画技巧，这些书籍保存了丰富而珍贵的经验和智慧。

兰花按园艺学、用途、生态类型等标准可以分为很多类别，比如人们喜爱的国兰就有春兰、蕙兰、建兰、墨兰等。兰花的植物学特征、生态学习性因品种不同都有所差异，所以在鉴赏时不仅要区分种类，还得仔细分辨兰花各个部位的特征。此外，兰花的培育管理、病虫害防治等知识，书中均有详解。今天，人文和地理环境都有所变化，兰花已经形成一种产业，获得了空前的突破和发展。本书在汲取前人成果的基础上，又编写入新内容，既有科学的技术推广，又有文学的知识传承，林林总总，蔚为大观，内容全面，各部分相对独立。既可以作为专业人员参考学习用书，也可以作为兰花爱好者的消遣读物。

因为涉及领域和学科较多，各部分由不同的作者编写。既要保持局部的独立性，还得维系全书的既定逻辑，从构思到出版，从材料搜集、删汰冗余，到连缀成篇，无不字斟句酌，反复推敲，众人通力合作，才促成此书的出版。在此向所有为此书付出辛勤劳动的专家、学者致谢，并希望《兰花大观》能够如幽兰一般，香熏后人。

由于编者水平有限，难免有不妥、不周、不够准确之处，还请读者批评和指正。

编者

2015年9月

目　录

上篇　兰花栽培与鉴赏

下篇　兰花与传统文化

第八章　兰章摘语——兰的文章举例 184

第九章　兰著聚珍——兰的古籍书目 192

第十章　兰海钩沉——兰的故事传说 199

参考文献 214

兰花
大观
LANHUA DAGUAN

上篇 兰花栽培与鉴赏

SHANGPIAN
LANHUA ZAIPEI YU JIANSHANG

第一章 芳名简识——兰花简介

兰花是中国十大传统名花之一，为“花草四雅”之首，与梅、竹、菊并称为花中“四君子”。兰花株形婀娜，花香清雅，在我国有着悠久的栽培历史，是中华民族的传统国粹。

兰花花香清雅，馥郁袭人，被誉为“国香”、“香祖”等。史载孔子自卫返鲁，于隐谷之中，见香兰独茂，喟然叹曰：“兰当为王者香，今乃独茂，与众草为伍。”宋代黄庭坚在《书幽芳亭》中亦有“士之才德盖一国，则曰国士；女之色盖一国，则曰国色，兰之香盖一国，则曰国香”的咏叹。

兰花傲雪斗霜，淡泊名利，甘于寂寞，被誉为“君子”。孔子将兰花与君子对等起来：“芝兰生于深林，不以无人而不芳；君子修道立德，不为穷困而改节。”点明了兰的高尚品格，奠定了中国兰文化的基础。杜牧赞兰：“本是馨香比君子”。王学贵在《王氏兰谱》中说：“竹有节而啬花，梅有花而啬叶，松有叶而啬香，惟兰独并有之。兰君子也。”张学良将军亦称兰花为“花中真君子，风姿寄高雅”。此外周恩来总理还将兰花作为“国礼”赠送给日本友人松村谦三，在20世纪60年代中日关系最困难的时期，兰花以其独特的魅力，架起了中日两国间沟通的桥梁，促进了两国人民的友好往来。

兰花是人们对兰科（Orchidaceae）植物的总称。习惯上，人们将兰属（*Cymbidium*）中原产于我国的一些地生

兰称为国兰。常见的，如春兰、蕙兰、建兰、墨兰、寒兰、春剑、莲瓣兰七大类。人们将花大、色艳原产在国外的一些兰科植物称为洋兰，常见的如大花蕙兰、蝴蝶兰、石斛兰、卡特兰、文心兰以及兜兰等，这些兰花大部分为附生兰，少部分为地生兰。所以国兰与洋兰的称谓是以园艺学以及人们的习惯为分类标准，而非植物学上的分类方法。国兰主要欣赏其素淡的花色、清幽的花香、婀娜的叶姿及变幻莫测的叶艺；而洋兰主要欣赏其艳丽的花色和奇特的花形。

国兰在我国有着悠久的栽培历史，最早可追溯至春秋时期。其中较为有名的，便是春秋时期越王勾践种兰的故事。绍兴文史资料中多次引证《越绝书》，如《宝庆续会稽志》中关于“兰”的记载提到：“兰，《越绝书》曰：‘勾践种兰渚山。’《旧经》曰：‘勾践种兰之地，王、谢诸人修禊兰渚亭。’”除《宝庆续会稽志》以外，明万历年间的《绍兴府志》中也记载：“兰渚山，有草焉，长叶白花，花有国馨，其名曰兰，勾践所树……”，宋人王十朋《会稽风俗赋》也说：“兰亭，即兰渚也。《越绝书》曰：‘勾践种兰渚山。’”明代徐渭也在《兰谷歌》中提到：“勾践种兰必择地，只今兰渚乃其处……”《绍兴地志述略》记载：“兰渚山，在城南二十七里，勾践树兰于此。”

至盛唐，盆栽兰花已经普及。唐代诗人王维对艺兰颇有心得，曾云：“贮兰用黄瓷斗，养以绮石，累年弥盛。”在艺兰的方法中，他对盆具的选择以及植料的搭配进行了总结。唐末唐彦谦曾有诗颂兰：“清风摇翠环，凉露滴苍玉。美人胡不纫，幽香蔼空谷。”说明那时人们已开始注重对兰花叶姿的欣赏了。

宋代，我国的艺兰水平达到一个新的高度，出现了很多兰花著作，其中黄庭坚的《书幽芳亭》最为著名。书中写道：“兰蕙丛生，莳以砂石则茂，沃以汤茗则芳。”作者从植料与施肥两个方面对兰花栽培进行了阐述，并且在本书中，作者第一次将兰与蕙进行了区分：“一干一花而香有余者兰；一干五七花而香不足者蕙。”南宋赵时庚的《金漳兰谱》（1233年）是我国也是世界上最早的兰花专著。全书分五章，介绍了产于漳州、泉州、瓯越等地的32个兰花品种，并介绍了兰花的品评、养护、栽培和浇水等方面的经验。《金漳兰谱》与同时代王贵学编著的《王氏兰谱》是我国古代专述建兰的两部代表著作。宋末元初著名诗人、画家郑思肖“精墨兰，自更祚后，为画不画土，根无所凭借”。他借画露根兰、无土兰，寓意国土被异族践踏，兰花不愿生长其上，抒发自己的亡国之恨。

元代，兰花的鉴赏及栽培技术有了进一步发展，人们开始综合品鉴兰花的色、香、叶、形，并总结出了较为完整的兰花栽培经验。余同麓在《咏兰》一诗中曾写道：“手培兰蕊两三栽，日暖风和次第开。坐久不知香在室，推窗时有蝶飞来。”这首诗将兰香写得十分传神，与孔子的“与善人居，如入芝兰之室，久而不闻其香，即与之化矣”有异曲同工之效。孔静斋在《至正直记》中简扼叙述了兰花习性和栽培要领：“喜晴恶日，喜阴恶湿，喜幽僻，盖欲干不欲经烈日，欲润不欲多灌水，欲隐不欲处荒萝，欲盛而苗繁则败……有竹方培兰，即喜晴恶日，喜幽恶僻之意。”这些栽培要领至今仍被奉为养兰经典。

到了明清，艺兰进入鼎盛时期，清初的鲍薇省在《艺兰杂记》中首创国兰“瓣型说”，将国兰分为“梅瓣”、“荷瓣”、“水仙瓣”，这也是将国兰的鉴赏严格细化，形成了沿用至今的国兰品鉴及评价标准。同治年间许霁楼的《兰蕙同心录》首次在著作中对兰蕙名种附有素描插图。刘灏在《广群芳谱》中描写兰叶的诗句有：“泣露光偏乱，含风影自斜。俗人那解此，看叶胜看花。”将兰叶的姿态写得尤为传神，首次提出“赏花一时，观叶经年”的理念，把兰花叶姿的鉴赏提到一个新的高度。

民国初期，吴恩元的《兰蕙小史》中附有江浙兰蕙失传名种的素描图和当时盛行的兰蕙名种照片，且对兰蕙瓣型、栽培管理等作了系统论述；这也是我国第一部比较详细、完整的艺兰专著，也是目前整理和比对兰花散佚、返销品种的重要参考依据。

一、植物学特征

据相关文献的不完全统计，目前全世界兰科植物约有800个属25000多个种。兰科植物主要为附生或地生草本植物，少部分为腐生植物。同其他植物一样，兰花具有根、茎、叶、花、果实及种子六大营养器官。

（一）根

1. 根的形态

不同种类的兰花根系差别很大。一般国兰（兰属地生兰）的根系较粗壮、肥大，为肉质根系，间或有分支，无根毛；附生类的兰根系较发达，根尖呈绿色，可以进行光合作用，依靠吸收空气中的水分生存，在野外一般攀附在树皮上或岩石上生长。兜兰、白及、杓兰、金线兰等地生兰的须根较为发达，根的表面有大量的根毛。

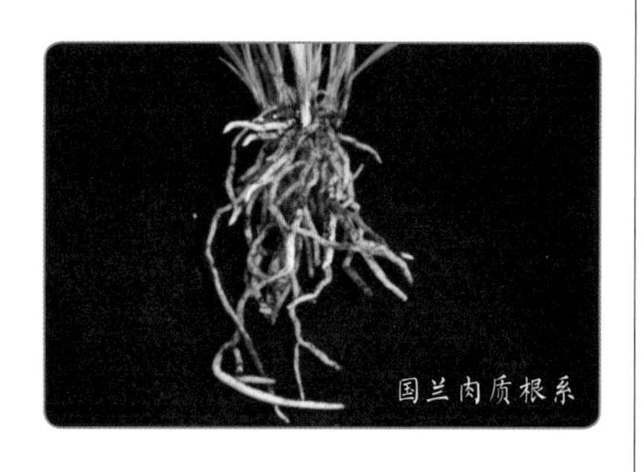
国兰肉质根系

卡特兰等附生兰根尖呈绿色

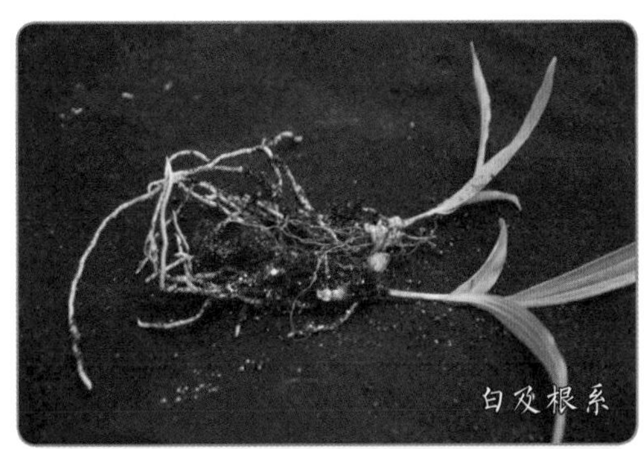
白及根系

金线兰根系

2. 根的构造

兰花根系可以贮存养分和水分，从外到内可分为3层：根被组织、皮层组织以及中心疏导组织。最外层是根被组织，起着保护皮层及吸收水分、养分的功能；中间为皮层组织，细胞发达、排列紧密，海绵状，俗称“根肉”，主要功能是贮存水分及养分，同时也是共生真菌聚集的地方；最内为疏导组织中心柱。根部吸收的养分、水分以及叶片光合作用制造的养分都通过中心疏导组织运输，因此对于一些根系较差的兰株，多保留其中心柱对提高兰花成活率意义重大。

3. 菌根

兰科植物种子的胚很简单，没有子叶与胚乳，无营养物质供发芽之用。因此，自然状态下兰科植物从萌发开始就需要依靠真菌供给营养。不只在萌发阶段，自然状态下的兰科植物的一生或某个生命阶段，也需要依赖有益真菌对其根部进行侵染从而获取养分。真菌侵入兰科植物的根部，从其根中取得所需物质；而兰科的根部则消化菌丝体，从中取得养分。兰科植物的根部与真菌形成的联合体，称为菌根。研究表明，兰科植物菌根在兰科植物的生命活动中起着重要的作用。几乎所有兰科植物都和真菌有共生关系，已知的与兰科植物共生的真菌大多属于担子菌或者半知菌类丝核真菌，也有一部分属于子囊菌。担子菌或丝核真菌的菌丝侵入兰花种子之后二者就进入共生生活阶段，这些真菌成为兰花根系的内生真菌。

兰科植物只有通过侵入其根系内部的共生真菌才能获取无机盐和有机化合物。而与其他菌根真菌不同的是，兰科植物菌根真菌无法从寄主的根部获取有机养分，必须从周围环境中获得，然后将其分解成葡萄糖等小分子碳水化合物，供其和兰科植物吸收利用。因此兰科植物的菌根在根系表面只有松散的外生菌丝同土壤中的其他植物根系或死的有机物相连，并将土壤中的或枯枝烂叶中较复杂的碳水化合物分解为简单的小分子碳水化合物输送给寄主；同时，真菌侵染兰根后改良了兰花植株中某些代谢缺陷和不足，通过和其他土壤微生物的相互作用来刺激植物根系的生长，激发了一系列的代谢过程，提高了植株的抗病能力，引导营养物质的迁移，从而促进了兰花植株的生长。

（二）茎

兰花的茎是连接叶片和根系的重要器官，并且具有贮存水分、养分的功能。不同兰花种类茎的形态差异很大，通常分为单轴性茎、合轴性茎两大类。

1. 茎的生理功能及形态

兰花的茎是连接叶片和根系的重要器官，并且具有贮存水分、养分的功能。从根吸收来的水、矿物质以及叶片通过光合作用制造的养分，会通过茎段进行再分配。假鳞茎的构造与其他单子叶植物类似，外面有很厚的角质层防止水分散失，角质层内有丰富的薄壁细胞可以贮存大量的水分及养分。

不同兰花种类的茎的形态差异很大，可以分为直立茎、根状茎及假鳞茎3种。

直立茎，如万代兰、蝴蝶兰等的叶片生长在茎的两侧，顶端新叶不断地长出，下部分的叶片逐渐衰老脱落，茎直立向上生长，在茎的下部不断有气生根冒出。蝴蝶兰的茎节较短，万代兰的茎节很长。

根状茎的节上生根，并能长出新芽，基部不膨大增粗，如金线兰、兜兰等都属于这一类。

大花蕙兰肥硕的假鳞茎

天鹅兰假鳞茎似竹笋

假鳞茎是一种变态茎，膨大而短缩，上面具节，每节有芽点若干个，外围一般由叶片或叶鞘包围，老龄时叶片脱落，假鳞茎裸露，如国兰、大花蕙兰、天鹅兰等。

2. 茎的分类

（1）单轴性茎

茎干直立，只有一个生长点的兰花属于单轴性茎。单轴性茎的兰花不能产生侧芽，所以很难靠分株繁殖，只可以借着生长点不断向上生长。常见的种类有蝴蝶兰、万代兰、钻喙兰等。

万代兰的单轴性茎

（2）合轴性茎

有多个生长点，生长过程中能不断产生侧芽。合轴性茎的兰花除在植株基部萌蘖产生新植株外，有的还可以在茎上产生不定芽形成新的植株。常见的种类有国兰、大花蕙兰、卡特兰、文心兰、兜兰等。

（三）叶

1. 叶的构造

兰花的叶片是由上表皮、中间的叶肉组织及下表皮构成。上表皮是由不含叶绿素的小型细胞紧密排列而成，外面有一层角质层保护，防止叶肉遭受损害，并能阻止水分的散失，提高抗旱能力。叶肉组织由含有叶绿素的细胞排列而成，较松散，中间有贯穿的平行叶脉疏导水分及营养物质。一些兰花的叶肉组织较为肥厚，可以储存大量的水分及养分以抵抗旱季。下表皮颜色较浅，有气孔分布，是调节水分及气体交换的主要通道，也是病原菌入侵的自然孔口之一。气孔的开闭程度直接影响光合作用效率，主要受光照、温度、湿度、植株水分含量状况而定。在适宜的环境条件下，气孔开张程度最大，植物光合作用旺盛，光合效率最高；光照过强时，叶面积累辐射热过高，导致植株蒸腾作用急剧上升，根系吸收水分的速度达不到蒸腾作用散失水分的速度，兰株为了防止自身水分过度散失，关闭气孔，从而导致光合作用下降甚至停止。

2. 叶的形态

（1）国兰类

国兰类的叶片大体都呈两列排列，两边分开，几乎在一个平面上。叶片多呈线形或带形，无明显叶柄，平行脉，常绿，叶片革质或纸质，叶尖圆或钝。叶片在传统的国兰鉴赏中亦占有重要的位置，元代张羽的《咏兰叶》："泣露光偏乱，含风影自斜。俗人那解此，看叶胜看花。"这首诗就是人们欣赏兰叶的写照。不同的国兰种类叶片形态差异很大：春兰、蕙兰叶片较细狭，而墨兰、建兰叶片较宽大。叶姿在国兰鉴赏中整体要求是"花叶搭配协调"。根据叶姿形态的不同，又可分为肥环叶、软垂叶、直立叶、扭曲叶等。

（2）洋兰类

洋兰类多攀附于树皮或岩石上生长，那些环境中的光照强烈、水分供应变化较大。生长在那里的兰科植物为了适应这种复杂的生活环境，通常叶表没有气孔，只在叶背面有气孔分布，一般叶片也具有较厚的角质层来防止水分过度散失。洋兰类叶片多变，有些呈棒状，有些呈披针形，还有一些肥厚多肉呈革质。

国兰叶片多为披针形

帕拉兰叶片呈棒状

（四）花

无论国兰还是洋兰，尽管花型、花的大小、花的颜色、花的香味及质感都各不相同，但它们花的基本结构都是一致的。

兰科植物的花朵构造自外向内都是由3部分组成：最外围的3枚花萼、中间的3枚花瓣和最内侧的雌雄蕊合生的合蕊柱。

兰花结构图

兜兰唇瓣似拖鞋状

兜兰唇瓣似拖鞋状

1. 萼片

兰花花朵最外侧的三枚是瓣化的萼片，其中最上面的一枚称为主萼片或中萼片，也称为“主瓣”；下边左右两侧生长的称为侧萼片，也称“副瓣”。萼片的形状及大小在国兰鉴赏中有着较为严格的要求，侧萼片的收放程度也是决定“荷瓣”国兰瓣型品位高低的一个重要指标。

2. 花瓣

内轮的三瓣是真正的花瓣。上面的两枚称为“捧瓣”或“捧心”，按照其雄性化程度不同，可将国兰分为“行花”、“水仙瓣”、“梅瓣”；按照其雌性化程度不同，又可将国兰分为“花捧”、“蕊蝶”等。

内轮花瓣中，最下方的一片花瓣常与其他花瓣明显不同，一般色彩较为艳丽，具有鲜艳的彩色斑点或条纹，花瓣的形状也丰富多变，在整朵花中最具观赏价值。最下方的花瓣被称为“唇瓣”或“舌”，其上部通常三裂，中间的裂片称为中裂片，翻卷下垂，有时上面有鲜艳的斑点或条纹；两旁的裂片称为侧裂片，通常在蕊柱两侧。

唇瓣的形状因不同兰花种类而差异较大，例如兜兰的唇瓣异化成兜状，形似拖鞋，所以也称“拖鞋兰”，在台湾亦称为“仙履兰”。文心兰的唇瓣异化成裙状，整体好似一身着盛装的舞女，所以也称为“跳舞兰”或“舞女兰”。

3. 蕊柱

自然界中许多植物是雌雄同花的，即一朵花上既有雄蕊又有雌蕊。兰科植物是雌雄同花植物，但与其他植物分离的雄蕊和雌蕊不同，兰科植物的雌蕊跟雄蕊合生，形成蕊柱。大多数兰科植物的雄蕊位于蕊柱顶端，外有药帽覆盖；花粉也不似其他植物般如粉状，而是形成团状。兰花的花粉块由花粉团、花粉团柄、粘盘（也叫黏盘）和粘盘柄组成。在合蕊柱上药帽下方具有黏性的凹陷部分，这便是兰花的柱头（雌蕊），只有当相应的兰花花粉块准确地落入柱头窝内，才算授粉成功。在花粉块和柱头中间通常有一个舌状物，称为蕊喙，这也是兰科植物避免自花授粉的一种策略。

兰花属于虫媒花，雌雄蕊合生的结构是兰科植物长期适应自然的一种表现。兰花的传粉机制非常巧妙，传粉策略也各有不同。通常情况下，其唇瓣水平伸展或略下铺，恰似一块降落平台。昆虫落在花朵的唇瓣上，向花心处取食花蜜时其背部会将合蕊柱上的药帽顶开并触碰到蕊喙，由于花粉块通过粘盘和蕊喙相连，所以当其退出时，粘盘便连带整个花粉块黏附在昆虫身上。当昆虫飞到另外一朵兰花上，在向花心处移动时又会将身上的花粉块蹭到柱头窝处，并被柱头分泌的黏液黏住，完成授粉过程。达尔文曾对兰花的复杂结构及昆虫奇妙的传粉机制进行过深入的观察，他在《兰花的传粉》一书中对兰花的传粉过程进行了系统的描述。他曾经在给著名植物学家Joseph Hooker的信中写道："在我的一生中，再没有什么比研究兰花更感兴趣的事了！"

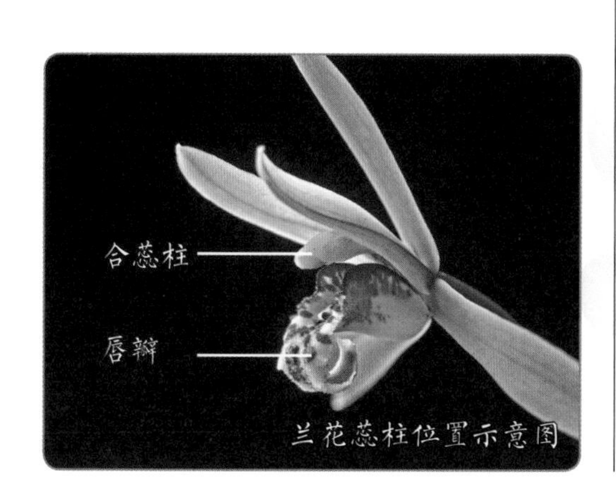

兰花蕊柱位置示意图

4. 果实

兰花的果实俗称"兰荪"，属于蒴果。果实一般为长卵圆形，依种类不同而略有差异。一般来说花开单朵的果实较大，花序上花较多时，果实较小。兰花蒴果常具3棱，果实成熟时，果荚自果脊两侧纵向开裂，种子自裂口散出。国兰类以及洋兰类的原始亲本结实容易，授粉后结实成果率很高；一些杂合程度很高或遗传背景较为复杂、经过远源杂交的洋兰类品种结实较为困难，这也是洋兰类新品种选育的一个重要限制因素。

春兰果实

花序类兰花果实

5. 种子

兰花的种子十分细小，每个果实里面含有几万至数十万多粒细如尘埃的种子。这些种子呈狭窄的长圆形或纺锤形，中部较宽，两端细长，最大的种子大约只有14微克，最小的种子千粒重不足1毫克。自然界中，兰花果实成熟开裂后，种子随风传播。兰花种子的胚较小，贮存的营养物质极少，主要储存的物质是脂肪，而淀粉、糖类、蛋白质均不存在。种皮为一层透明的薄壁细胞，外有加厚的环纹起到保护种子的作用，内含大量空气，不易吸收水分。兰花种子的胚多未成熟或发育不全，难以提供种子萌发所需要的养分，加上种皮的结构阻碍其对水分的吸收，导致兰花种子在自然条件下的萌发率极低。

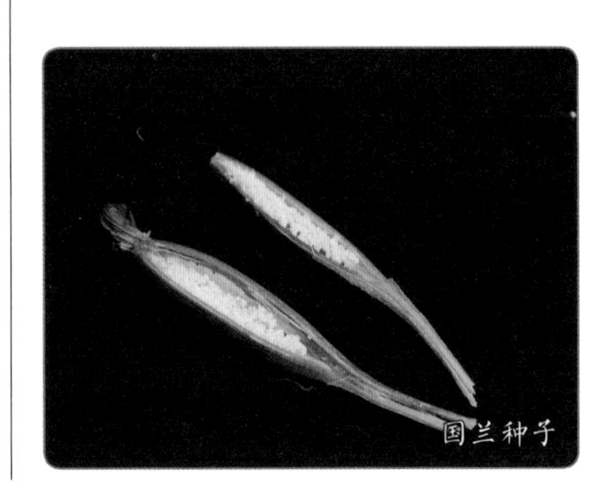
国兰种子

二、生态学习性

（一）国兰

属于地生兰的国兰大多原生于野外林下、深山幽谷的崖壁上或溪涧边，也有部分生长在透水和保水性良好的倾斜山坡或石隙中。国兰一般喜欢温暖湿润、通风良好、有适当遮阴的环境条件，忌阳光直射。总体来说国兰要求的夏季最高温度不超过32℃，而最低温度则按照其原生地环境的不同而有差异。例如一些原产于福建、广东等温暖地区的兰花冬季需要较高的温度越冬，最低不低于10℃；而一些原产于江苏、浙江、陕西等地的兰花冬季则需要0～10℃的低温春化处理40天以上，花芽才能顺利发育，温度过高会导致花的品质下降或花芽败育。国兰大部分为肉质根系，要求土壤排水透气性能良好，否则容易烂根，栽培过程中水分管理应根据其习性，掌握“见干见湿”的原则。

（二）洋兰

洋兰在野外大多附生于树干或岩石上，那里的环境冬季温暖干燥，夏季凉爽湿润。附生的环境对植物有许多有利的条件。首先，一般的热带森林中上层树木的树冠层叠在一起，致使林下光线较弱，因此一些附生兰通过生长在较高树木的枝条上或树干上，能增加其生长所需的光照。其次，林中的上层空间有更加流通的空气，既增加必要气体的供应量，又有利于调节湿度和温度。此外，较高的生长环境有利于昆虫前来授粉，更减少了被林中动物侵袭的危险。在这种环境下生长的兰花，一般抗旱力较强，但不耐低温。受原生亲本生态习性的影响，洋兰在进行栽培时，根部要求通风透气良好的基质环境。同时，大多数洋兰需光量较多，在生长期应给予充足的光照，但在高温酷热的夏季要适当遮阴，避免强烈的日光灼伤叶片。洋兰要求的夏季温度不宜超过35℃，冬季夜间温度需在15℃以上。

三、兰花的分类

除了按照中国传统的园艺学将兰花分为国兰与洋兰之外，按照兰花的用途，可将兰花分为观赏兰科植物及药用兰科植物，按照兰花的生态类型，可将兰花分为地生兰、附生兰及腐生兰三大类。

（一）按园艺学分类

1. 国兰

传统意义上的国兰是指原产于我国的兰属的一些地生兰种类，常见的包括春兰、蕙兰、建兰、墨兰、寒兰、春剑、莲瓣兰七大类。古人所谓的兰花基本就是特指现在的国兰。

(1) 春兰

春兰是我国民间栽培较早、现存传统名品最多、栽培范围最广且栽培人数最多的国兰之一，又名草兰、山兰、扑地兰等。其叶4～8片丛生，狭带形，边缘有细锯齿。花序从假鳞茎基部、叶鞘内侧生出，直立状态，上有花1朵，少数有2朵花，花淡黄绿色、绿色或黄白色等。其花形多变，品种极多，是我国栽培历史最悠久的国兰之一。春兰的香味醇正、持久、沁人心脾，深受人们喜爱。花期1～3月。分布于江苏、浙江、福建、台湾、广东、广西、云南、贵州、四川、湖南、湖北、江西、安徽、河南、陕西、甘肃等地。春兰在地生兰中属于最耐寒的种类之一。春兰花芽一般在夏末秋初形成，翌年春季开花，受其产地生态习性的影响，春兰花芽发育过程中要求冬季至少有40天以上0～10℃的低温春化处理才能正常开花，否则其花品质下降或花芽败育，不能正常开放。

春兰在我国栽培最为广泛，流传下来的名品较多。典型代表有春兰“老八种”：‘宋梅’、‘集圆’（‘十圆’）、‘龙字’、‘万字’、‘汪字’、‘小打梅’、‘贺神梅’、‘桂圆梅’，其中‘宋梅’、‘集圆’、‘龙字’、‘万字’在日本兰界又被尊称为春兰“四大天王”。‘宋梅’与‘龙字’又合称为“国兰双璧”。

春兰‘翠桃’

（2）蕙兰

蕙兰又名九节兰、巴茅兰，在贵州地区又被称为火烧兰。其叶7～15枚丛生，细长，直立性强，叶面粗糙，边缘有粗锯齿，叶脉明显而黄亮。蕙兰的花序直立，有花5～18朵，黄绿色，极香。花期3～5月。蕙兰栽培历史悠久，品种极多。主产湖北、湖南、陕西、浙江、江苏等地，是分布最北和最耐寒的兰属植物之一。产于不同地区的蕙兰叶质有较为明显的差异：产于贵州地区的蕙兰一般叶质较薄软，易弯折；产于陕西地区的蕙兰叶片阔大，威武雄壮。

跟春兰一样，蕙兰花芽一般也在夏末秋初形成，翌年春季开花。蕙兰花芽的发育对春化的要求更高，春化所需的时间更长，要求的温度更低，一般蕙兰要求冬季至少有60天以上0～5℃低温春化处理，才能正常开花。

蕙兰是抗性很强的兰花种类，适合广大北方地区种植。典型代表如蕙兰“老八种”：‘大一品’、‘程梅’、‘关顶’、‘元字’、‘老染字’、‘老上海梅’、‘潘绿’、‘荡字’。蕙兰“新八种”：‘楼梅’、‘翠萼’、‘老极品’、‘庆华梅’、‘江南新极品’、‘端梅’、‘崔梅’、‘荣梅’。

蕙兰‘郑孝荷’

（3）建兰

建兰又名秋兰或四季兰。叶直立或稍弯，先端尖锐，边缘具齿。花序直立，有花5～13朵，红色、白色、绿白色均有，花有香气。花期6～11月。品种极多。广泛分布于广东、广西、云南、贵州、四川、湖南、江西、浙江、台湾以及海南等地。目前广东及福建地区生产的建兰品种‘小桃红’及‘铁骨素’大量出口日本、韩国等地，是我国出口的主要兰花种类。建兰原生地温度较高，所以养护时只要温度适宜，一年四季均能不断生长、开花。建兰是国兰中唯一可以一年之中多次开花的种类。

建兰假鳞茎硕大，抗性强，我国南方地区广泛栽培。典型代表如‘绿光登’、‘红一品’、‘夏黄梅’、‘君荷’、‘四季集圆’、‘铁骨素’、‘小桃红’、‘荷王’、‘青神梅’、‘中华水仙’、‘丹心荷’、‘一品梅’、‘举国欢庆’、‘泸州荷仙’、‘贵妃醉酒’、‘大唐宫粉’、‘仁化白’等。此外建兰中还有十分丰富的叶艺变化，常见的品种有‘彩虹’、‘萨摩锦’、‘铁骨银针’、‘锦旗’、‘八宝奇珍’、‘绿鸟嘴’等。

建兰‘新梅’

墨兰叶艺品种

寒兰

（4）墨兰

墨兰因其花期在春节附近，所以又名“报岁兰”，是北方地区最常见的国兰年宵花卉种类。叶剑形，有光泽，深绿色，叶片较大而宽阔，株形威武雄壮，迎合大众审美，适合在厅堂、宾馆摆放。花序直立，花5～17朵，有褐红色、黄绿色、白绿色等。花期9月至翌年3月。品种很多，分布于广东、广西、福建、台湾、海南等地区。

墨兰是广东、福建及台湾兰友十分喜爱的兰花种类，选育出的叶艺类品种也极多。典型代表有‘闽南大梅’、‘大屯麒麟’、‘南海梅’、‘金太阳’、‘桃姬’、‘企黑’、‘徽州墨’、‘金华山’、‘大石门’、‘大勋’、‘万代福’、‘鹤之华’、‘金太阳’、‘泗港水’、‘日向’、‘养老’、‘桑原晃’等。其中的‘企黑’、‘徽州墨’及‘金华山’同建兰一样，也是我国大宗出口的几个国兰品种。

（5）寒兰

叶直立性强，边缘具锯齿。花序直立，有花5～12朵，花被狭窄，紫色或绿色，有香气。花期10月至12月。栽培品种极多，按花色可将寒兰分为紫寒兰和青寒兰两大类。分布于广东、广西、台湾、福建、海南、江西、湖南、云南、四川、贵州等地。

寒兰因其萼片狭窄，以“鸡爪瓣”见多，不符合传统国兰瓣型美学说的审美标准，故一直不受重视。近年来，由于审美风格的转变，寒兰的飘逸及淡雅越来越受到人们的喜爱，已成为养兰人的新宠。寒兰也是日本人最喜欢的国兰种类之一，常见于日系园林造园及居室中。典型代表品种有‘应钦素’、‘丰雪’、‘青鸟’、‘含香梅’、‘博雅’、‘雪中红’、‘朱砂兰’、‘皓雪’、‘儒仙’、‘文荷’、‘嫣紫’、‘醉芙蓉’、‘逸仙’、‘雨燕’、‘翠玉’、‘绿玉’等。

（6）春剑

叶狭带形，5～7片，基生成束，直立，边缘具锯齿。因其叶片直立挺拔，似宝剑出鞘，故名春剑。花序直立，有花2～5朵，黄绿色或紫红色。花期1～3月。分布于云南、四川、贵州等地，主产四川。春剑是开发较晚的兰花种类，但其名品深受人们喜爱，具有较高的观赏价值。由于其原产地在西南地区，一般花色有别于江浙地区的国兰，颜色较为艳丽、丰富。

春剑集春兰的典雅与蕙兰的大气于一身，是深受广大兰友喜爱的一个兰花种类。典型代表品种有‘西蜀道光’、‘隆昌素’、‘玉海棠’、‘花蕊夫人’、‘桃园三结义’、‘奥迪牡丹王’、‘皇梅’、‘桃园三结义’、‘天府荷’、‘银杆素’、‘学林荷’、‘新津

春剑蝶花品种

胭脂'、'江山如画'、'彩云'、'玉玺天骄'、'凤凰梅'、'长寿玉梅'等。

（7）莲瓣兰

"莲瓣"一词源于对兰花瓣形的描述，莲瓣即荷瓣。莲瓣兰假鳞茎较小，呈圆球形。叶6～7片集生，线形，长40～50厘米，宽0.4～0.8厘米，绿色，无光泽，端渐尖，叶缘有细锯齿，中脉及两侧平行脉明显，基部常抱合对折，横切面呈"V"形，无叶柄痕，叶质较硬。花直立，高出叶面或与叶面等高，苞片大，比子房连梗长，每个花序着花2～4朵，偶有5朵，生长不良时仅开 1朵。花色有红、紫红、粉红、白、黄、绿等色，香气清纯。花期1～3月。莲瓣兰的产地除我国台湾省外，其核心分布区位于云南省的西北部地区，并以丽江及大理的洱源、剑川等地分布最为集中。

莲瓣兰原产于云南西北部地区，那里海拔较高，紫外线强，因此花色丰富多彩，尤其以素花之纯洁而闻名。典型代表品种有'大雪素'、'剑阳蝶'、'黄金海岸'、'奇花素'、'点苍梅'、'滇梅'、'奇花素'、'金沙树菊'、'心心相印'、'荡山荷'、'荷之冠'、'雪人'、'碧龙红素'、'红满天'、'出水芙蓉'、'紫熙荷'、'永怀素'、'汗血宝马'、'大丽之华'等。

莲瓣兰'大雪素'

2. 洋兰

根据兰花专家卢思聪先生编著的《中国兰与洋兰》一书中的解释："洋兰是相对于中国兰而言的，兴起于西方，受西洋人喜爱的兰花。"洋兰通常花大、色艳，且花形丰富多变，常见的洋兰有大花蕙兰、蝴蝶兰、石斛兰、卡特兰、文心兰以及兜兰等，大部分为附生兰，少部分为地生兰。虽然称之为洋兰，但我国分布有很多大花蕙兰、蝴蝶兰、兜兰以及石斛兰等的原生种或原始亲本，但由于在古代"兰花"就是特指现在的国兰，所以人们习惯上把除国兰七大品类之外的兰花统称为洋兰。

（1）文心兰

文心兰又名舞女兰、金蝶兰、瘤瓣兰等，是兰科文心兰属植物的总称。本属植物全世界原生种多达750种以上，主

文心兰造景

要分布于南美洲和北美洲热带、亚热带地区，大多数为附生兰，少数为半附生或地生兰。商业上用的千姿百态的文心兰品种多是杂交种，其植株轻巧、潇洒，花茎轻盈下垂，花朵奇异可爱，形似飞翔的金蝶，极富动感，是世界重要的盆花和鲜切花种类之一。

（2）蝴蝶兰

蝴蝶兰是蝴蝶兰属植物的总称。蝴蝶兰属植物于1750年被发现，目前该属已发现70多个原生种，大多数分布于亚洲与大洋洲热带、亚热带地区，多生于阴湿多雾的热带森林中离地3～5米的树干上，也有生于溪涧旁湿润石头上的。在我国台湾和泰国、菲律宾、马来西亚、印度尼西亚等地都有分布，其中以我国台湾出产最多。蝴蝶兰是单茎性附生兰，茎短，叶大，花茎一至数枚，拱形。蝴蝶兰花形奇特，色彩艳丽，如彩蝶飞舞，深受人们喜爱，是良好的盆栽观赏植物，也是国际上流行的名贵切花种类，有“兰中皇后”之美誉。

（3）卡特兰

卡特兰是卡特兰属植物的总称，也称嘉德利亚兰，属园艺杂交种，是国际上最有名的兰花之一。卡特兰是世界上栽培最多、最受人们喜爱的洋兰之一，也是洋兰中花最大、色彩最为艳丽的一个种类。原产于中南美洲，以哥伦比亚和巴西分布最

蝴蝶兰

蝴蝶兰

卡特兰

卡特兰

多，亦为哥伦比亚等国的国花。卡特兰多附生于森林中大树的枝干上或湿润多雨的海岸、河岸。其假鳞茎呈棍棒状或圆柱状，顶部生有叶1～3枚；叶厚而硬，中脉下凹；花单朵或数朵，着生于假鳞茎顶端，花大而美丽，色泽鲜艳而丰富。卡特兰的品种在数万个以上，颜色有白、黄、绿、红、紫等。喜温暖、潮湿和充足的光照，生长时期需要较高的空气湿度、适当施肥和通风。通常用苔藓、树皮、椰块等作盆栽基质。

（4）石斛兰

石斛兰是石斛属植物的总称。石斛属植物有1600种以上，是兰科中最大的一个属，原产亚洲和大洋洲的热带和亚热带地区。目前，泰国、新西兰、马来西亚为石斛属植物的栽培中心。我国石斛属植物大部分分布于西南、华南、台湾等地。在园艺上，石斛兰的品种一般按花期分为春石斛系和秋石斛系。春石斛花期在春季，一般为节生花类，花芽着生于叶腋处，常作为盆花栽培；而秋石斛花期在秋季，为顶生花类，是流行的切花种类，也有少量作为盆花栽培。由于石斛兰具有秉性刚强、祥和可亲的气质，被誉为“父亲之花”。

中国有60多种石斛属植物，多附生于岩石和树干上。在我国古代，石斛主要用作中药，而非观赏植物。“石”与“斛”均为古代较大的容量单位，十斗为一斛。因石斛生长在人迹罕至的高山悬崖峭壁上，十分稀少，采摘它有时会付出生命的代价，古人就将当时最大的容量单位来命名，以表示它的珍贵，可见石斛在古代人心中的地位。很多石斛可入药，对人体有驱解虚热，益精强阴等疗效。据《新华本草纲目》（1990

石斛兰

石斛兰

石斛兰

年）、《中国中药资源志要》（1994）及《药用植物辞典》（2005）及其他书籍记载，石斛中有药用价值的有50多种。常见的有铁皮石斛、紫皮石斛（齿瓣石斛）、霍山石斛（米斛）、铜皮石斛（细茎石斛、广东石斛等）、马鞭石斛（流苏石斛、束花石斛等）、金钗石斛、鼓槌石斛、美花石斛（小环草）、叠鞘石斛（铁光节）等。

我国传统医学将石斛用于热病伤津、口干舌燥、病后虚热等多种病症的治疗。近年来，国内外对石斛组织培养、种植栽培、鉴别和质量控制、化学成分、药理作用和临床应用等方面进行了大量深入研究，现代药理学研究表明，石斛具有抗氧化、抗衰老、改善肝功能、治疗白内障、增强人体免疫力、降血糖、抗血栓、抗肿瘤、抗诱变、抗菌、促消化等作用。

（5）兜兰

兜兰，又称拖鞋兰，因其兜状唇瓣如拖鞋鞋头而得名，为兰科多年生草本。同属植物有70余种，全部产于亚洲热带和亚热带地区，大多数生于温度高、腐殖质丰富的森林中，多数为地生种，杂交品种较多，是栽培最普及的洋兰之一。喜温暖、湿润和半阴的环境。茎甚短；叶片带形或长圆状披针形，绿色或带有红褐色斑纹。

兜兰

"金童玉女"

花十分奇特，唇瓣呈口袋形；背萼极发达，有各种艳丽的花纹；两片侧萼合生在一起；花瓣较厚，花寿命长，有的可开放6周以上，并且四季都有开花的种类。兜兰花朵小巧奇特，优雅高洁，给人清爽之感，园艺品种较多，有斑叶、矮型、多花等品系。兜兰目前主要在欧洲地区生产较多，国内市场需求潜力巨大，是值得开发生产的兰花种类之一，也是发展小盆栽产业的新兴品种。

兜兰属植物是兰科植物最具欣赏价值的物种之一，而我国特产的杏黄兜兰因其非常罕见的杏黄花色，填补了兜兰中黄色花系的空白。杏黄兜兰常与开粉色花的硬叶兜兰组合在一起，称为"金童玉女"。

（6）大花蕙兰

大花蕙兰，又叫虎头兰、喜姆比兰和蝉兰，是原产于印度、缅甸、泰国、越南和中国南部等地区的兰属中的一些附生性较强的大花种和主要以这些原种为亲本获得的人工杂交种的统称。大花蕙兰的原生

大花蕙兰

大花蕙兰

亲本大多分布于喜马拉雅山东段，以及横断山脉南段至中南半岛的印度洋季风区，海拔在1000～3000米左右的区域。野外生境下，其亲本大多附生于树干或岩石上，冬季温暖干燥，夏季凉爽湿润，抗旱力较强，但不耐低温。

由于大花蕙兰具有植株优美、花朵硕大而多、花色丰富艳丽、花期持久等众多优点，用于厅堂布置，气派非凡，惹人注目。再加上其自然花期多在岁末年初，与中国传统节假日消费用花期比较吻合，因此，在国内外市场上均极受欢迎，成为最畅销的兰花种类之一。

（7）风兰

风兰是对风兰属植物的总称，其植株矮小，高8～10厘米；茎长1～4厘米，稍扁，被叶鞘所包。叶厚革质，狭长圆状镰刀形。总状花序长约1厘米，具2～5朵花；花有距，白色，芳香，尤以夜间香味更甚；花瓣倒披针形或近匙形，长8～10毫米，宽2.2～3毫米，先端钝，具3条脉；唇瓣肉质，3裂。花期4～5月。生于海拔约1500米的山地林中树干上。分布于中国、日本、朝鲜半岛南部，具有较高的园艺价值。在日本已有200余年的栽培历史，近来韩国也选育出很多的叶艺品种。

（8）杓兰

杓兰是杓兰属植物的总称。杓兰植株通常高20～45厘米，具较粗壮的根状茎。茎直立，被腺毛，基部具数枚鞘，近中部以上具3～4枚叶。叶片椭圆形或卵状椭圆形，较少卵状披针形。花序顶生，通常具1～2花；花具栗色或紫红色萼片和花瓣，唇瓣黄色；花瓣线形或线状披针形，长3～5厘米，宽4～6毫米，扭转，内表面基部与背面脉上被短柔毛；唇瓣深囊状，椭圆形。花期6～7月。

杓兰野生于海拔500～1000米的林下、林缘、灌木丛中或林间草地上。分布于中国、日本、朝鲜半岛、西伯利亚至欧洲。杓兰具有较高的园艺价值，又因其花期在夏季，可以很好地弥补北京夏季林下观花地被植物的空白。据调查北京山区自然分布有20余种兰科植物，大多处于濒危状态，大花杓兰是其中观赏价值最高的种类。《北京植物志》上记录的3种杓兰属植物——大花杓兰、紫点杓兰和黄囊杓兰，均于2008年被北京市政府列入《北京市一级保护植物名录》。

风兰叶艺品种

黄花杓兰

（9）腋唇兰

腋唇兰俗称“咖啡兰”，原产于南美洲。叶子线形，植株基部有扁平的假鳞茎，花梗于假鳞茎基部抽出，每个假鳞茎可开花2～3朵，花径约3～5厘米，鲜红至暗红色，花朵具浓郁的奶油巧克力香味。腋唇兰的花期为春末至夏初，正值其他兰花少花期，很好地填补了这段花期的空白，加上其浓郁的奶油香味，颇受人们喜爱，尤其适合在咖啡馆、糕点店摆放。但由于其香味过于浓郁，因此应尽量放置在通风处，否则在密闭空间容易让人产生头痛、眩晕的感觉。

（10）万代兰

万代兰是对万代兰属植物的统称。该属内约有70个原始种，分布于热带、亚热带的亚洲和大洋洲。本属植物多为附生性，大多附生于岩石或大树上。万代兰为单轴性兰花，其叶片整齐地互生于茎的两侧。万代兰植株相对较大，开花繁茂，花期较长，杂交品种非常丰富，是极为重要的盆栽花卉之一。万代兰通常不采用基质栽培，而用网篮作为容器，作为盆栽悬吊观赏，将其根系裸露于空气中，也方便人们欣赏其壮观的气生根。新加坡把万代兰又称为“胡姬花”，并将其誉为国花，象征着新加坡人民清丽、端庄、谦和、超群的气质。

（11）树兰

树兰是树兰属植物的总称。该属是兰科中最大的属之一，有1000多个原生种，广泛分布于美洲热带地区。常附生在树干或存有腐殖土的岩石上，或生长在落叶林下的腐殖土中。树兰种类繁多，形态差异较大，总状花序一般着生于顶端，花色艳丽丰富。

（12）米尔特兰

米尔特兰是对米尔特兰属植物的总称，该属植物原产于南美洲的巴西、阿根廷、巴拉圭、秘鲁等国。米尔特兰具有匍匐状的根状茎，假鳞茎扁卵形至长椭圆形。顶生2～3枚叶，叶纸质。总状花序腋生于假鳞茎基部，约20厘米长，直立或略弯曲呈弓形，具有数个膜质的苞片，其上着生美丽的花朵。其花朵大型，纸质，花径可达10厘米，红紫色至艳丽的紫色，唇瓣扩大为宽卵形，唇瓣与蕊柱的相连处有一块黄色的附属物，形成明亮的对比，非常具有观赏价值。米尔特兰叶片清秀挺立，叶腋中抽出的花箭着满了娇艳欲滴的花朵。其花期长、着花多，开花时花团锦簇，颇为壮观，花期可持续3个月左右。米尔特兰是近几年才引入我国的，其花朵与文心兰外形相似，但米尔特兰的花色更为艳丽，花朵也更大，是一种新优的盆栽花卉，具有广阔的市场前景。

米尔特兰

米尔特兰

（二）按用途分类

按照兰花的用途，可以将兰花分为观赏兰科植物及药用兰科植物两大类。一般的有观赏价值的兰科植物都可以称为观赏兰科植物，药用兰科植物则是指主要用作药材、可从中提取有效成分用于医疗的兰科植物。我国将兰科植物用作药材的历史可谓源远流长，如《神农本草经》中就记载了石斛和白及，《名医别录》中则开始记载石斛植物的生境："石斛生六安山谷水旁石上……"；陶弘景在《神农本草经集注》中记载了石斛的制作方法。常见的药用兰科植物有绶草、石桃仙、天麻、金线兰、白及、铁皮石斛、霍山石斛（米斛）、鼓槌石斛、金钗石斛、肿节石斛、细茎石斛（铜皮石斛）等，其中最常应用的有铁皮石斛、霍山石斛、天麻、金线兰、白及等。

1. 药用兰科植物

（1）铁皮石斛

铁皮石斛为兰科石斛属多年生附生草本植物，是最为常见的药用石斛种类。其茎直立，圆柱形，长9～35厘米，粗2～4毫米；萼片和花瓣黄绿色，长圆状披针形，长约1.8厘米，宽4～5毫米；花期3～6月。因其茎秆上多有铁锈状的斑点，故称"铁皮石斛"。主要分布于我国安徽、浙江、

铁皮石斛花

铁皮石斛铁锈色茎秆

福建、广东、云南、贵州、湖北等地。茎及花可入药，属补益药中的补阴药，可益胃生津，滋阴清热。市场及药店常见的为其茎秆干品经过炮制加工而成，呈球状，俗称“铁皮枫斗”。

铁皮石斛因其神奇独特的药用价值和保健功效，自古以来就深受博大精深的中医药文化的推崇。历代诸多具有影响的医学专著和典籍均将其收入册中，奉其为“药中之上品”。例如秦汉时期我国第一部药学专著《神农本草经》记载铁皮石斛：“味甘，平。主伤中，除痹，下气，补五脏虚劳羸弱，强阴，久服厚肠胃。”唐代开元年间道家经典《道藏》把“铁皮石斛、天山雪莲、千年人参、百二十年首乌、花甲之茯苓、苁蓉、深山灵芝、海底珍珠、冬虫夏草”奉为九大仙草。明代医学家李时珍的《本草纲目》中记载：“石斛除痹下气，补五脏虚劳羸瘦，强阴益精，久服，厚肠胃，补内绝不足，平胃气，长肌肉，逐皮肤邪热痱气，脚膝疼冷痹弱，定志除惊，轻身延年，益气除热，治男子腰膝软弱，健阳，逐皮肤风痹，骨中久冷，补肾益力，壮筋骨，暖水休，益智清气，治发热自汗，痈疽排脓内塞。”

铁皮石斛可去湿除痹，降气，补五脏虚弱，强健形体，滋阴。主治脾胃受损或功能虚弱，长期服用能够使消化系统的肠胃功能得到增强；它还能补养内脏衰弱和功能上的不足，并能够消除皮肤因热邪所致的各种不良反应，去除脚膝的冷痛和酸软症状；亦可消除惊悸，延缓衰老，使人体态轻盈。

（2）霍山石斛

霍山石斛为兰科石斛属多年生草本植物，俗称米斛，药用价值极高，因其数量稀少，产量较低，也是目前药用兰科植物中价格最为昂贵的石斛种类之一。霍山石斛属于霍山特有品种，原产于安徽省霍山县太平畈乡。其茎直立，肉质，不分枝，淡黄绿色，株高小于10厘米，是所有药用兰科植物中株型最为小巧的种类。叶革质，2～3枚互生于茎的上部，斜出，舌状长圆形。总状花序1～3个，每花序具1～2朵花；花乳白色，开展；花瓣卵状长圆形，先端钝，具5条脉；唇瓣近菱形，长和宽约相等。花期5月。

“米斛”名称由来出自范瑶初，其云：“霍山属六安州，其地所产石斛，名米心石斛。以其形如累米，多节，类竹鞭，干之成团，他产者不能米心，亦不能成团也。”因其外形酷似佛肚竹，每一节膨大呈球状，恰似一个个米粒一样抱团生长，故名。因该种类特产于霍

霍山石斛植株低矮，花为白色

霍山石斛

山地区，因此得名“霍山石斛”。清代赵学敏《本草纲目拾遗》中记载：“霍石斛出江淮霍山，形似钗斛细小，色黄而形曲不直，有成球者，彼土人以代茶茗，霍石斛嚼之微有浆、黏齿、味甘、微咸，形缩为真。”该书引用《年希尧集验良方》曰：“长生丹用甜石斛，即霍山石斛也。”该书又引用其弟赵学楷《百草镜》语曰：“石斛近时有一种形短只寸许，细如灯芯，色青黄，咀之味甘，微有滑涎，系出六安及颍州府霍山是名霍山石斛，最佳……”

霍山石斛能大幅度提高人体内SOD（延缓衰老的主要物质）水平，熬夜、用脑多、烟酒过度、体虚乏力的人群，非常适宜经常饮用。霍山石斛有明目作用，也能调和阴阳、壮阳补肾、养颜驻容，从而达到保健益寿的功效。

由于霍山石斛的产量较低、数量稀少、价格高昂，导致市面上有许多假冒的产品销售。很多不法商贩将产于霍山地区的铁皮石斛及细茎石斛（铜皮石斛）等作为“霍山石斛”销售。霍山石斛鲜品体量较小，茎节短缩膨大如米粒状累积，便于区分；霍山石斛干品常保留根系及花枝，做成的枫斗颗粒小巧紧凑，呈“龙头凤尾”形，是区别于其他石斛的一个重要特点。

（3）金线兰

金线兰为兰科开唇兰属植物，又称金线莲。株高8～18厘米。根状茎匍匐，肉质，具节，节上生根。茎直立，肉质，圆柱形，具2～4枚叶。叶片卵圆形或卵形，暗紫色或黑紫色，具金红色带有绢丝光泽的美丽网脉，背面淡紫红色。总状花序具2～6朵花，长3～5厘米；花白色或淡红色；萼片背面被柔毛，中萼片卵形，凹陷呈舟状；花瓣质地薄，近镰刀状。花期8～11月。生于海拔50～1600米的常绿阔叶林下或沟谷阴湿处。产于中国浙江、江西、福建、湖南、广东、海南、广西、四川、云南、西藏、台湾等地。

金线兰叶脉金黄色

金线兰全草均可入药，其味平、甘。金线兰还有清热凉血、祛风利湿、解毒、止痛、镇咳等功效，主治咯血、支气管炎、肾炎、膀胱炎、糖尿病、血尿、风湿性关节炎、肿瘤等疑难病症。

（4）白及

白及为兰科白及属多年生草本植物。植株高18～60厘米。主要分布在中国、日本以及缅甸北部。花期春季。早在东汉时期的《神农本草经》和明代的《本草纲目》等古典中药书籍中就有记载。白及属植物全世界约有6种，均分布在亚洲地区；我国有4个种，包括白及*Bletilla striata*、小白及*B. formosana*、黄花白及*B. ochracea*和华白及*B. sinensis*。其中白及为《中国药典》（2005、2010年版）所收载，其分布范围北起河南、江苏至台湾，东起浙江至西藏东南部；自然生长于海拔100米以下的丘陵地区至海拔3000多米的高海拔地区，既可生长在林下或林缘，也可生长在荒坡草丛或灌丛中。

白及在我国民间作为药用已有上千年的历史。白及作为药用植物始载于《神农本草经》，“主痈肿、恶疮、败疽，伤阴死肌，胃中邪气”，列为下品。在随后的《吴普李草》、《本草经集注》、《蜀本草》、《本草图经》和《本草纲目》等历代医药著作中都有记载。白及的主要成分为甘露聚糖、淀粉、挥发油等。在医药上其具有收敛止血、消肿生肌的功效，素有“必涩而收，入肺止血，生肌治疮……外科最善”之称。

白及以块茎入药

白及作为止血药由来已久，且止血效果确切可靠,其作用机理与其所含的大量白及胶有关。白及提取物还被实验证明具有缩短凝血时间、抑制机体溶解纤维素的作用，可迅速形成人工血栓，不仅可用于外伤止血，对内脏出血也有较好的治疗效果。临床上对咯血、吐血、便血、消化道出血、外伤止血、疮疡肿毒及手足皲裂等有较好的疗效，止血快，安全性高。近年来，有关研究表明白及对胃、十二指肠等黏膜的保护作用是通过刺激黏膜细胞合成和分泌释放内源性前列腺素（PG）实现的，从而起到预防和治疗黏膜受损细胞的溃疡作用。因此，白及目前广泛地应用于治疗胃、食道、十二指肠等消化道溃疡，鼻腔、口腔等呼吸道黏膜溃疡，子宫、阴道等妇科黏膜溃疡以及皮肤损伤、疮疡、烧烫伤等疾病。

白及胶是一种较理想的化妆品天然植物添加剂，可使化妆品真正成为“天然化妆品”，正符合当今“化妆品回归大自然”的发展新趋势。由于白及鲜鳞茎黏性很强，在工业上可作糊料、浆纱或涂料等的原料。白及多糖胶还可应用于食品及化工产品中，替代化学增稠剂，并具有减少刺激性、保护皮肤、延缓衰老等功能。

白及花大，色艳，具有较高的观

赏价值。园艺品种有蓝、黄、粉红等色。白及的花朵开得井然有序，在苍翠叶片的衬托下，显得端庄优雅、轻盈可爱，用来点缀我国古典庭园，十分相宜。国外也将其引种在半阴的岩石园中。白及可在稀疏林下成片、成丛种植，是一种理想的耐阴观花植被；亦可盆栽，供室内欣赏；其花还可作切花材料，供插花之用。

近年来，野生白及遭受严重的私挖滥采，其产量和品质呈逐年下降趋势。野生白及资源受破坏程度也可以从白及的市场价格变化中反映出来，自1991年开始，白及在中药材市场的价格一路上扬，2005—2006年白及干品市价为35～42元/千克，至2014年已高达500～600元/千克，涨幅高达10倍以上。由此可见，白及种植产业具有广阔的发展前景。

（5）天麻

天麻为兰科天麻属多年生草本植物。根状茎肥厚，无绿叶，蒴果倒卵状椭圆形，常以块茎或种子繁殖。其根茎可入药，是名贵中药。

早在《神农本草经》中就有关于天麻的记载，称为“赤箭”；沈括在《梦溪笔谈》中记载：“世人惑于天麻之说，遂止用之治风，良可惜哉。”天麻性甘，味平，入肝经，具有息风、定惊功效。可治眩晕眼黑、头风头痛、肢体麻木、半身不遂、语言蹇涩、小儿惊痫动风等，常内服煎汤或入丸、散。

天麻植株高30～100厘米，有时可达2米；块茎肥厚，椭圆形至近哑铃形，肉质，长8～12厘米，直径3～5厘米，具较密的节，节上被许多三角状宽卵形的鞘。花果期5～7月。

天麻生于海拔400～3200米的疏林下、林中空地、林缘或灌丛边缘。主要分布于我国吉林、辽宁、内蒙古、河北、山西、陕西、甘肃、江苏、安徽、浙江、江西、台湾、河南、湖北、湖南、四川、贵州、云南和西藏。

天麻已被世界自然保护联盟（IUCN）评为易危物种，并被列入《濒危野生动植物物种国际贸易公约》（CITES）的附录Ⅱ中，同时也被列入中国《国家重点保护野生植物名录（第二批）》中，为国家Ⅱ级保护植物。

（6）鼓槌石斛

鼓槌石斛为兰科石斛属附生草本植物。其茎纺锤形膨大，具多数圆钝的条棱。花金黄色，稍带有香气；唇瓣具肾状圆片，上面密被短柔毛，花期3～5月。鼓槌石斛常以膨大的茎切片入药，有养阴生津、止渴、润肺的功效，可用于治疗热病伤津、口干烦渴、病后虚热；其花亦可入药。

产云南南部至西部（石屏、景谷、普洱、勐腊、景洪、耿马、镇康、沧源）。生于海拔520～1620米阳光充足的常绿阔叶林中树干上或疏林下岩石上。分布于印度东北部、缅甸、泰国、老挝、越南。

（7）肿节石斛

肿节石斛为兰科石斛属附生草本植物。茎斜立或下垂，肉质状，肥厚，圆柱形，不分枝，具多节，节肿大呈算盘珠子样。叶纸质，长圆形，先端急尖，基部具抱茎的鞘；叶鞘薄革质。总状花序通常出自落了叶的老茎上部，每花序具1～3朵花；花大，白色，上部紫红

肿节石斛

色，开展，具香气，干后蜡质状；花瓣阔长圆形，长约3厘米，宽约1.5厘米，先端钝，基部近楔形收狭，边缘具细齿，具6条脉和多数支脉；唇瓣白色，中部以下金黄色，上部紫红色，近圆形。花期3～4月。肿节石斛的茎及花可入药，外用可治跌打损伤、骨折伤筋；内服可治咽喉痒、咳嗽。

肿节石斛在我国产云南南部（普洱、勐腊）。生于海拔1050～1600米的山地疏林中树干上。分布于印度东北部、缅甸、泰国、越南、老挝。

（8）细茎石斛

细茎石斛为兰科石斛属附生草本植物，又称铜皮石斛，与铁皮石斛很类似。茎高10～20厘米。叶长圆状披针形，长2.5～4厘米，宽7～10毫米，先端钝。总状花序具花2～4朵；花淡黄绿色，直径约2厘米；中心萼片线状披针形，两侧萼片稍呈镰刀形；唇瓣黄绿色，中心有一褐色的斑点。

细茎石斛在我国产陕西、甘肃、安徽、浙江、江西、福建、台湾、河南、湖南、广东、广西、贵州、四川、云南。生于海拔590～3000米的阔叶林中树干上或山谷岩壁上。印度东北部、朝鲜半岛南部、日本也有分布。

细茎石斛有助于美容养颜和保护女性卵巢，有益胃生津、滋阴清热的作用，此外细茎石斛味甘、淡、微苦，主治热病伤津、虚热不退、肺燥咳嗽、腰膝酸软等，是滋肾阴、退热、明目的良药。

2. 观赏兰科植物

前边所介绍的国兰及洋兰均为观赏兰科植物，此处不再赘述。

（三） 按生态类型分类

按照兰花的生态类型，可将兰花分为地生兰、附生兰以及腐生兰三大类。

1. 地生兰

地生兰是指根系生长在富有有机质的土壤中的一类兰花，常见的如兜兰、白及、杓兰以及国兰类等。地生兰大多生长在林阴下，那里空气湿度较高，土质肥沃松软，土壤排水透气性能良好。野外条件下地生兰根系多呈水平伸展。

2. 附生兰

附生兰是指根系依附于岩石或树干之上、裸露而生的兰花种类。附生兰的根系为气生根，仅靠空气中的水分和雨水供应植株生长所需的水分。很多附生兰的根系根尖呈绿色，可以进行光合作用。与地生兰相比，附生兰要求栽培

蛇木板栽培蝴蝶兰

蛇木板栽培石斛

基质更为疏松、透气，一般采用树皮或水苔进行栽培。常见的热带洋兰如蝴蝶兰、大花蕙兰、石斛兰、卡特兰、文心兰、万代兰等都为附生兰。

3. 腐生兰

腐生兰是指从其他生物体，如尸体、动植物组织或是枯萎的植物身上获得养分的兰花种类。腐生兰不能进行光合作用，也不能制造有机养分，因此属于异养型生物，它们大都生活在枯死的树枝、树根上或富含有机物的地方。常见的腐生兰有天麻、大根兰、虎舌兰等。

（1）天麻

天麻是典型的腐生植物，它不含叶绿素，不能进行光合自养，只能依赖与其共生的密环菌供给养料。密环菌适宜在潮湿的土壤中繁殖，以树木纤维作为其生长所需的营养。天麻靠消化侵染自身的密环菌获得营养；当密环菌营养来源不足时，密环菌又可以利用天麻体内的营养生长 。

（2）大根兰

大根兰是腐生兰，无绿叶素，亦无假鳞茎，地下有肉质根状茎，依靠与其共生的真菌吸收腐殖质中的养分。根状茎粗3~7毫米，白色，有节，常分枝。花茎紫红色，直立，从根状茎上发出，长10~25厘米，中下部有数枚鞘，通常具2~5朵花；花苞片长7~12毫米；花直径3~4厘米，奶油黄色至淡黄色，但萼片与花瓣常有1条宽阔的紫红色中央纵带，唇瓣上有大片紫色斑。花期6~8月。

第二章 闻兰识香——国兰鉴赏

国兰是花、香、叶、韵俱可赏的花卉，它与菊花、水仙、菖蒲并称“花草四雅”，也是中国传统十大名花之一。它那“不以无人而不芳，不为穷困而改节”的高洁品质为自己赢来了“空谷佳人”的美誉，成了人间美好事物的象征。国兰以素洁、高雅、朴实的品格，备受世人推崇：好的书法称为“兰章”，文静清香的居室称为“兰室”，真挚的友谊称为“兰谊”，高尚的人品称为“兰心蕙质”等。

孔子对兰花推崇备至，将兰花与君子之德做了经典的概述：“芝兰生于深林，不以无人而不芳；君子修道立德，不为穷困而改节。”“与善人居，如入芝兰之室，久而不闻其香，即与之化矣；与不善人居，如入鲍鱼之肆，久而不闻其臭，亦与之化矣。”“丹之所藏

有兰花装饰的厅室

有兰花装饰的厅室

者赤，漆之所藏者黑，是以君子必慎其所处者焉。”又曰：“不以无人而不芳，不因清寒而萎琐；气若兰兮长不改，心若兰兮终不移。”

人们赋予国兰高洁、独秀、不媚俗、不屈服等人文气质。古往今来，兰花深得高士、雅士、文士的喜爱，喻性喻德，在书在画，成就了中华文化中最清幽的一个支流——兰文化。兰花是一种高度人格化的花卉，整体鉴赏从香、色、韵三点综合考虑，要求“花瓣中宫端庄、含蓄内敛、拱抱有度、花守久开不变”等，这些鉴赏要点与对君子品德的评价标准——含蓄严谨、端庄有节、坚持操守相一致。

香

国兰的香为幽香，似有若无。“坐久不知香在室，推窗时有蝶飞来”，这句诗将国兰的花香写得尤为传神，与梅花花香的“疏影横斜水清浅，暗香浮动月黄昏”一样超凡脱俗、清远香逸。

香味是传统国兰鉴赏的第一标准，无香或少香的国兰则少有人喜爱。国兰的香味由于产地不同，差异较大：以江浙地区产的春兰、蕙兰香味最佳；福建、广东地区产的墨兰香味较浓郁；湖北、河南地区的春兰无清香或仅有淡青草香。清远幽雅的香味方显国兰的高贵典雅、含蓄内敛。兰花香气以清、幽为贵，浓、烈、浊、郁、闷则影响其品位。

由于地质、环境的影响，原产日本、韩国等地的春兰无香，但色彩艳丽，瓣型较佳，被当地爱兰人推崇备至，有别于中国传统的兰花鉴赏标准。

色

国兰的颜色一般较为素雅，有别于其他花卉，以绿色为主，红色及黄色花在国兰中极为罕见。色是兰花鉴赏的一个重要标准，传统含蓄、内敛的赏花观有“兰以素为贵”、“素无下品”之说，古人对素心兰推崇备至，常以素心比喻自己高洁的情怀以及出淤泥而不染的品性。

《礼记·礼器》：“礼有以文为贵者……有以素为贵者，至敬无文，父党无容，大圭不琢，大羹不和……此以素为贵也。”儒家崇玉以素为贵，不以纹饰而论美。《礼记》强调在祭礼中所使用的玉器，不要妄加纹饰。大圭的表面不需要繁复的纹饰，它本身浑朴的玉质就是美的。《周礼》也持相同的观点：“璋，邸射，素功。”当时人们有“至敬无文”的信仰，认为无论生活中的尊老崇贤，还是祭祀上对待神祇祖先，重在发自内心的“敬”。以素为贵的思想也被后人接受，成为艺兰鉴赏中的一种至高无上的标准。

根据江、浙一带的传统审美标准，花色以嫩绿为第一，老绿为第二，黄绿色次之，赤绿色为劣。凡属赤花，总以色糯者

蕙兰色花品种

为上品，色泽昏暗而泛紫色者为下品。

近年来，随着人们审美习惯的变化与发展，很多色花类的兰花逐渐受到兰友们的追捧。原产于四川、贵州、云南等高海拔地区的兰花，由于环境紫外线强烈及当地土质富含矿质元素的原因，出色花概率较高，明显有别于传统的江浙春兰、蕙兰以绿色为基础的色调。

韵

韵即神韵，是国兰鉴赏中最为特殊而重要的品鉴内容，也是决定一个兰花品位高低的关键所在。韵是在形的基础上衍生而来的整体美感，但又不受形的束缚，属于精神层次的审美。整体来说，国兰的韵的标准是：主瓣端正、不歪斜，副瓣平肩或飞肩，外三瓣要短圆、紧边、拱抱，外三瓣比例协调；捧瓣短圆，捧兜软糯光洁，紧抱鼻头，不开张，中宫严谨有度；唇瓣短圆阔大，舌上红点对比鲜艳，不散乱；唇瓣舒启适度，姿态端正，不反卷，富有张力；花茎细圆挺拔，花朵高出叶面，亭亭玉立；花色亮丽娇艳，花瓣质地厚糯；花守好，花开久不变形。其实国兰神韵的鉴赏是由古人对君子的品评标准衍化而来，兰花神韵的鉴赏的标准与君子端庄有节、含蓄内敛、谨言慎行、坚持操守的品德相契合。

一、花瓣鉴赏

1. 肩

国兰外三瓣中的两枚副萼片，即左右横向排列的两瓣称为“肩”。“肩”的状态是体现花是否有“精气神”的一个重要标准。副瓣微斜向上，称为“飞肩”，之于人气宇轩昂，属贵品；副瓣呈水平状，在同一条直线上的，称为“一字肩”，之于人堂堂正正，属上品；副瓣微微下垂，称为“落肩”，之于人轻佻浅薄，属次品；副瓣大幅度下垂，称

飞肩

平肩

落肩

大落肩

为“大落肩”，之于人丧眉搭眼，属劣品。

2. 盖帽

国兰花的主瓣向前弯曲，如帽子盖在捧瓣的上方，类似君子弯腰揖礼之态，此形象征含蓄内敛、虚心谦卑的君子之风，为上品。如春兰‘环球荷鼎’、‘珍蝶’、‘绿英’等。

春兰‘绿英’的盖帽

3. 收根放角

专指国兰外三瓣瓣幅阔狭变化的状态，它涉及花品的美观和花形的姿态。自瓣幅中央部位向瓣根逐渐收狭，称收根；自瓣幅中央部位向瓣尖逐渐放宽，及至花瓣尖端部前沿处又逐渐缩拢且向内微卷，汇成瓣尖微兜形，这段前后交接部位称放角。在荷瓣和荷形水仙瓣的国兰中收根放角现象最显著，也是判定是否为荷瓣或荷形花的重要标准，如果没有收根放角，再阔大的花瓣也不能归为荷瓣花的行列。如春兰‘大富贵’、‘环球荷鼎’等收根放角现象极为明显。

春兰‘大富贵’收根放角明显
（沈荣海摄影）

春兰‘冠姚梅’

春兰‘杜字’紧边圆头

4. 兜

专指国兰捧瓣尖端部瓣肉组织增厚的形态，并按照捧瓣尖端部瓣缘内卷形状的大小、深浅、厚薄而分为不同的类别。如按它的厚薄、大小又可分为软兜和硬兜；按深度可分为深兜和浅兜。“兜”是国兰捧瓣雄性化的表现，也是判断花型是否为梅瓣或水仙瓣的一个最为重要的标准，一般来说雄性化程度强的为梅瓣，雄性化程度弱的为水仙瓣，但梅瓣与水仙瓣的界定还需要配合外三瓣的特征综合考虑。

5. 捧

国兰内三瓣中，上面两瓣相互靠拢的短瓣称为捧。捧瓣的鉴赏整体来说以光洁、软糯为佳。捧瓣是组成“中宫”的重要部分，其开张或闭合的程度，以及保持此形态的时间长短是决定花守的关键因素。捧瓣以久开不变形、不开拆、不露鼻头为佳。

6. 紧边圆头

指国兰的外三瓣向内收缩，瓣顶部呈圆弧形向内拱抱，内扣呈勺形，有增厚感，富有张力。这种寓意含蓄内敛，多为梅瓣花之形态。如春兰‘贺神梅’、‘万字’等。

7. 飘

指国兰的外三瓣不平整，向后翻卷，虽不端庄严谨，但别有一番飘逸灵动之美。如春兰‘高云梅’、‘文韵梅’、‘翠桃’、‘巧百合’等。

蕙兰‘飘门水仙’

8. 舌

舌即指兰花的唇瓣，位于蕊柱下方，是由内轮花被片变态而成。唇瓣上常有鲜艳的色泽和附属物，俗称“苔”，借以引诱昆虫为其授粉。苔以匀细、色糯为上品，粗而色暗者为劣。缀在舌上的红点，俗称“朱点”，朱点鲜艳、清楚、明亮、分布匀称、对比度较高的，方能算为上品。

蕙兰‘元字’的执圭舌

蕙兰‘老极品’的龙吞舌（王松涛摄影）

二、中宫鉴赏

1. 鼻

鼻即蕊柱，是兰花的生殖器官。鼻要小而平整，捧瓣能将其遮盖而不外露为佳。如果鼻粗大，捧瓣势必撑开，花不严谨内敛，缺乏含蓄美感。

2. 中宫

由两枚捧瓣及蕊柱、唇瓣组成的整体，称为中宫。属上品的中宫两捧瓣起兜合抱，如行抱拳礼；蕊柱不外露，象征含蓄内敛之美。整个中宫越圆整，其花品越高。如春兰‘环球荷鼎’的中宫近乎圆形，品位较高。

3. 开天窗

两个捧瓣向外张开，蕊柱暴露在外，寓意人衣冠不整，毫无礼节，非常不雅，缺少含蓄美，为劣品。

春兰‘环球荷鼎’中宫近乎圆形（沈荣海摄影）

捧瓣开天窗

三、花蕾鉴赏

1. 梗

即兰花的花茎。如果花茎短小，花序矮缩于盆面的叶丛中，由于叶片遮掩难见整体花容，有碍风姿。若花梗明显高出叶丛，花序最下面一朵花也在叶片之上，则称为“出架”。

按传统品评，蕙兰以大花细梗为贵，俗称“灯草梗”，如蕙兰‘老上海梅’；若小花粗梗，俗称为“木梗”，如蕙兰‘老极品’。花梗总以挺直浑圆为标准。花梗虽以细圆为上品，但这是相对而论，只要与花形相配，仍属上品。赤蕙中就以梗粗者为好，例如‘程梅’、‘关顶’的梗粗挺拔，与其威武霸气的花朵相搭配，颇为壮观。至于梗的色泽，在春兰中以“青秆青花”为上品，如‘宋梅’、‘绿英’等；在蕙兰中，则以‘大一品’白绿如玉的花梗称最。据《广群芳谱》上记载报岁兰花梗的颜色：“紫梗青花为上，青梗青花次之，紫梗紫花又次之，余不入品。”

蕙兰‘大一品’花开出架（王松涛摄影）

蕙兰‘程梅’的木梗

蕙兰‘老上海梅’的灯芯梗

2. 排铃

国兰中一茎多花的种类的幼蕾俗称为铃。待花茎抽长到一定高度时，上面便会着生幼小花铃。幼花铃呈竖直状，紧贴花茎，与花茎平行的形态称为小排铃；幼铃花柄离花茎横出，作水平排列，与花茎垂直的形态，称为大排铃，此时铃花即将绽蕊舒瓣，渐次盛开。国兰排铃期尤其要注意光照的影响，尽量使其受光均匀，否则花茎趋光弯曲，会影响整体美观。

3. 转茎

国兰在开始大排铃时，一般都是兰花的外三瓣在下，唇瓣在上；而开放时，外三瓣在上，唇瓣在下。这种国兰小花朵发生相对的位移变化的过程就称为转茎。

小排铃

大排铃

处于转茎过程中的国兰

处于转茎过程中的国兰

处于抽箭初期的国兰

春化不足，导致瘪放

春化不足，导致瘪放

4. 抽箭

国兰的花茎从花苞苞片中长出，逐渐拔高，这个过程俗称抽箭。

5. 凤眼

国兰的外三瓣含苞待放前，主瓣与副瓣瓣尖互相搭连，花瓣在膨大过程中，中间部位隆起，而瓣尖仍然相连，在主瓣与副瓣一侧瓣缘相互隆起而中间露出空隙处，下露舌根，中间看得见捧心侧面，这个区域称为凤眼。

6. 瘪放

国兰花朵萎软，花瓣僵拢不舒展，缺乏精气神等状态，都称为瘪放。瘪放一般是由于春化不足或兰株瘦弱导致营养供给缺乏造成的。一些需要春化的兰花如果冬季温度过高或者低温持续的时间过短，都会导致花茎不能正常抽箭，开花的品质也会大打折扣。还有一些带花苞下山的新花，因根、叶受伤过度，花茎上很多小花朵聚拢，形成类似于头状花序的样子，又称球开，一些不法商贩将其作为奇花出售。

7. 筋

筋是指国兰花苞苞壳上的细长的脉络。筋有长短、疏密、粗细、平凸之分，颜色也不尽相同。筋以细长透顶、软洁润糯、疏而不密者为佳。“筋”、“麻”、“沙晕”，是挑选下山新花的最为重要的参考内容。如筋粗透顶者，花瓣必阔，如果同时花苞圆鼓阔大，那可能会有荷瓣出现；如绿筋绿壳或白壳绿

花苞上可见紫色的筋

筋，筋纹条条通梢达顶，苞壳周身晶莹透彻，没有杂色，则出素心的概率较大。梅瓣和水仙瓣的筋纹较细糯，中间还布满沙晕。

8. 麻

国兰花苞苞壳上不通梢达顶的短筋，称麻。麻之粗细、长短不同，会在一定程度上影响花瓣的形态。如麻相互之间空阔稀疏，又布满异彩沙晕，则往往多出奇瓣或异种素心瓣。麻由于颜色各异，可分为青麻、红麻、绿麻、白麻、紫麻、褐麻等。“麻”必须配合“筋”及“沙晕”综合考虑才能预测一花的花品，三者之中，“筋”和“沙晕”对花品的影响更大一些，“麻”只是作为辅助参考。

9. 沙晕

国兰花苞苞壳上各筋纹之间散布着细如尘埃状的微点，称为沙晕。沙晕的感觉类似于熟透了、起沙的西瓜，微点颗粒较大的称为沙，颗粒更小但排列密集成片的则称为晕。苞壳上如有沙有晕，大多出梅瓣或水仙瓣；如沙晕柔和，颜色或白或绿而没有杂色，则出素心居多。凡瓣形花，在其苞壳上除筋纹细糯、通梢达顶之外，还必须有沙晕，两者缺一不可。

沙晕

10. 壳

即指苞叶，是指包裹花瓣的苞片。它有多种颜色，如绿壳、白壳、赤转绿、水银红、赤壳等，其中以水银红壳、绿壳、赤转绿壳最易出名花。另外，壳有松和紧、厚和薄之分。按我国艺兰前辈们总结的经验，壳气色鲜明、壳薄而硬、色糯质润者方算上品；如壳薄而软，则称“烂衣”，很少有上品花出现；如壳厚而硬、颜色柔糯，也屡有好花出现。壳在兰花品种选育中也占有十分重要的地位，它是兰花香味的一种外在反映。例如原产河南、湖北地区的部分春兰以及原产日本、韩国的春兰，壳一般薄软，基本无香。

通过苞壳上的筋、麻、沙晕等，可以在剥花前，基本确定下山新花之品位高下。我国艺兰前辈们通过长期实践，总结出丰富的经验，至今仍有一定参考价值，《看壳各诀》中记载：

①“绿壳周身挂绿筋，绿筋透顶细分明，真青霞晕如烟护，确是真传定素心。”“绿筋忌亮，须要有沙晕，必如烟霞，筋宜透顶小蕊，在仰朵时，日光照之如水晶者，素；昏暗者非是。”

②“罗衣自绿亦称良，大壳尖长也

壳

蕙兰素心品种的苞壳纯净无杂色

不妨，淡绿筋纹条透顶，小衣起绿定非常。”“白壳绿飞尖绿透顶，沙晕满衣，此种定素。出铃小，蕊若见平，水仙在其中存。”

③“老色银红烟晕遮，峰头淡绿最堪夸，紫筋透顶铃如粉，定是胎全素不差。”“出铃时色如茄皮紫者，梅根绿背，黄者素。”

④“银红壳色最称多，莫把红麻瞥眼过，多拣多寻终有益，十梅九出银红窠。”“银红壳必须先淡后深，筋纹透顶，飞尖点绿，小衣肉厚，而多光滑，细心选择为要。”

⑤“绿壳三重起紫灰，此中必定见仙梅，小衣有肉峰如雪，铃顶平疑刀剪裁。”“官绿壳上若起紫晕一重，其花必异，筋纹忌亮。”

⑥“深青麻壳无人晓，莫道青麻少出奇，尖绿顶红条透顶，晕砂满壳异无疑。”“深青麻壳，极多光亮，满蕊白砂，必非素异，必须紫筋透顶，飞尖点绿，此花定异也。”

⑦“筋粗厚壳出荷花，铁骨还须异彩夸，无论紫红兼绿壳，此中常是见奇葩。”“筋粗壳硬，屡出荷花，不论赤绿，一样看法，如落盆几日，能起砂晕，就可望异。最难得者，荷花小蕊，尖长深搭，凤眼微露，收根必细，灶门开阔，定是飞肩。”

四、花型鉴赏

1. 梅瓣

古兰谱中记述的梅瓣标准是“外三瓣结圆，捧瓣起兜有白头，舌瓣短圆舒展而不卷，形似早春寒梅。”概括起来为梅瓣花的外三瓣宽阔、短圆，瓣端内扣，富有张力，瓣质较厚重，外三瓣连接处结圆细收根。捧瓣短圆，端缘拢缩、隆起，呈向里扣卷状，起兜如汤匙，有增厚感，呈白色，俗称“白头”。唇瓣短硬而圆，端正，唇瓣舒展、坚挺而不后卷。梅瓣花一般花容较端正，结构圆润饱满，质地厚糯，有骨力。

梅瓣 春兰‘贺神梅’

梅瓣 春兰‘宋梅’（沈荣海摄影）

2. 荷瓣

古谚云：“千梅万世选，一荷无处求”。可以说从古至今真正符合荷瓣要求的国兰品种并不多，流传至今的传统荷瓣名品也只有‘大富贵’、‘环球荷鼎’、‘翠盖荷’、‘绿云’等少数几个品种，其他一些称为“荷”的品种，严格意义上来说只能算是荷形。在蕙兰中，荷瓣尤其少见，目前为止，还没有发现真正意义上的蕙兰荷瓣花品种。符合荷瓣标准的必须具备以下几点。

捧心宽阔短圆，两端稍狭，中间较阔，向内微凹，但不起兜，捧端无“白头”，形似蚌壳。唇瓣必须圆正丰满，形大舒展，稍向下或后微卷，长宽度正好铺满两片捧瓣合抱时留下的空间。外三瓣短圆厚实，有明显的收根放角，萼端缘及中段两侧向内紧缩，呈内扣状，有张力，酷似荷花的花瓣。外三瓣的长

荷瓣 春兰‘大富贵’（沈荣海摄影）

荷瓣 春兰‘环球荷鼎’（沈荣海摄影）

宽比例必须在2:1之内，越接近，品级越高，这也就是明末清初时浙江唐成卿先生说的“八分长兮四分宽”。荷瓣国兰外形宽大厚重，中宫饱满圆润近乎一圆形，象征人心胸宽阔，常被视为富贵的象征。

3. 水仙瓣

国兰中外三瓣长脚圆头或尖头，捧瓣有兜，舌下垂者为水仙瓣。水仙瓣按照外侧3枚萼片形态的不同，又可分为梅形水仙、荷形水仙和水仙瓣3种。梅形水仙的萼片较短圆，更趋近于梅瓣的外

水仙瓣 春兰‘汪字’

水仙瓣 春兰‘龙字’（王松涛摄影）

三瓣，但一般兜较浅，捧瓣雄性化程度弱，不能称为梅瓣，如‘西神梅’被称为春兰“梅形水仙之冠”；荷形水仙花捧软糯、起兜，萼片有收根放角，唇瓣姿态优雅，独具风姿，如‘龙字’被称为春兰“荷形水仙之冠”；水仙瓣则以‘汪字’为其典型代表。

梅瓣与水仙瓣的判定标准是以捧瓣雄性化程度的强弱以及萼片的短圆程度来定性的。外三瓣短圆，捧心起兜，而舌硬不舒者谓之梅；外三瓣起尖或较长，捧心有兜而舌下垂者谓水仙。一般来说，水仙瓣的捧瓣雄性化要比梅瓣弱，捧瓣有深兜或轻兜；水仙瓣的唇瓣比梅瓣长、大，多下垂或后卷；水仙瓣外三瓣比梅瓣长，且瓣端稍尖。

4. 奇花类

凡是国兰的花瓣或萼片数目、形态不同于常规（花萼3枚；花瓣3枚，其中唇瓣1枚，捧瓣2枚）的均可以称为奇花。蝶花类亦属于奇花的范畴，但由于蝶花类品种较多，变化十分丰富，独成一系，因此常单独列出。

（1）少瓣奇花

花瓣及萼片少于常规数目的称为少瓣奇花。一般少瓣奇花的观赏价值较低。如建兰‘玉雪天香’。

（2）多瓣奇花

花瓣（包括唇瓣）数量超过6瓣的，统称为多瓣奇花。多瓣新花大多不稳定，极易变样，因此，除多瓣老种外，一般较少留种。多瓣奇花中，欣赏价值较高的有菊瓣奇花、牡丹瓣奇花、树形奇花、返祖奇花、多唇奇花等。

菊瓣奇花 花瓣及萼片数目增加，但比较狭窄细长，类似盛开的菊花。如莲瓣兰‘剑湖菊’，春兰‘千岛之花’等。

蕙兰菊瓣奇花

牡丹瓣奇花 花瓣及萼片数目增加，阔而短，类似牡丹花。如春剑‘奥迪牡丹王’，春兰‘飞天凤凰’等。

树形奇花 莲瓣兰‘金沙树菊’（杨开摄影）

树形奇花 建兰‘翠玉牡丹’

树形奇花 花茎或小花柄上蕊柱增多形似树木一样。每个蕊柱上会着生花被，使得节节有花、花中有花。如春剑‘花蕊夫人’，莲瓣兰‘金沙树菊’等。

返祖奇花 唇瓣变异为普通的花瓣。如蕙兰‘素十八’。

多唇奇花 外三瓣与捧瓣数量齐全，但唇瓣有两瓣以上，称为多唇或多舌。此类花不稳定，而且形态也不端正、不雅观，因此很少留种。

蕙兰多唇奇花

5. 蝶花类

凡萼片(主要是侧萼片)或花瓣发生唇瓣化者为蝶花。根据蝶化部位的不同，分外蝶和内蝶两大类。国兰花捧起兜增厚属于花瓣雄性化，而花瓣蝶化则是雌性化的一种表现，雌性化程度越强，蝶化程度相应越高。有些国兰的捧瓣蝶化程度不高，其上仅有红点分布，没有唇瓣样异化的种类称为“花捧”，不属于蝶花的范畴。

（1）外蝶

副瓣下半部唇化的叫外蝶。唇瓣化深入副瓣1/2处的，称为全蝶。两副瓣后翻的全蝶称为飞蝶，是蝶瓣中的佳种，如‘冠蝶’、‘珍蝶’。副瓣下面呈细狭或断续唇瓣化的称半蝶，外三瓣和捧瓣狭长的半蝶称为草蝶，半蝶与草蝶观赏性不强，极少留种。

绿蕙外蝶（王松涛摄影）

外蝶 莲瓣兰‘剑阳蝶’

（2）内蝶

两捧瓣唇化的奇瓣称内蝶，也称蕊蝶。历史上内蝶不被重视，因此，留种较少，仅留有‘老蕊蝶’这一品种。近来，国内较重视内蝶品种的发掘，因此，大量的内蝶品种被发现，特别是舟山地区近年发现了大量内蝶精品。代表品种如‘虎蕊’、‘蕊鼎’、‘大元宝’、‘大龙胭脂’、‘乌蒙白彩’等。

内蝶 春兰‘大元宝’（沈荣海摄影）

内蝶 春兰‘大龙胭脂’（沈荣海摄影）

内蝶 春兰‘虎蕊’（王松涛摄影）

五、花色鉴赏

1. 素心

唇瓣色泽一致，无杂色的均称为素心，若整朵花的花色一致则称为素花。需要说明的是并非唇瓣为白色的国兰才叫素心，素心根据颜色可分为红苔素（唇瓣全为红色）；绿苔素（唇瓣全为绿色）；黄苔素（唇瓣全为黄色）等。古人赏兰，以素为贵，寓意高洁素雅、一尘不染，自古就有“兰以素为贵”，“素无下品”之说。

除全素外，舌面素净无杂色，舌根两侧有红晕的称为桃腮素；舌苔上隐约有细微红色的称为刺毛素。素心苔色古

素心品种 蕙兰‘翠定荷素’

素心品种 蕙兰'九华红素'

素心品种 蕙兰'至尊红颜'
(王松涛摄影)

以绿色为贵，近来四川、云南、贵州、湖南、湖北、安徽等地发现不少红素新种，如'九华红素'、'碧血丹心'、'夕颜'等，均受到追捧，价格高昂。

按瓣型分类，素心兰又可分为梅型素，如'蔡梅素'、'知足素梅'；荷型素，如'玉涛'、'皓月荷素'；蝶花素，如'杨氏素蝶'；竹叶素，如'苍岩素'等。

2. 色花

花朵色彩、色质格外鲜艳的花即为色花，也可以理解为非绿色的、其他鲜艳色彩的花。色花以色彩饱满、鲜艳，色泽俏丽者为佳，色泽暗淡，对比度不强烈者为下。我国色花主要产于贵州、云南、四川

蕙兰色花品种

等高海拔地区，主要是由于这些地区强烈的紫外线照射及富含矿物质的土质环境，因此更有利于色花的产生。日本及韩国对国兰色花种类十分喜爱，选育出很多丰富花色的色花品种。需要注意的是，很多色花品种对环境依赖程度较强，稳定性差，一些在云、贵、川地区花色艳丽的品种在低海拔地区进行栽培时，花色变淡，因此稳定的色花品种较稀少，这也是导致色花价格居高不下的一个重要原因。

3. 复色瓣

花瓣上有2种或以上色彩的国兰品种称为复色花。花开复色的植株一般均有相

复色瓣品种 春兰'圣火'
(沈荣海摄影)

应的艺向表现在兰株叶片上，俗称“花叶双艺”，这也是目前受追捧的一个热点。

（1）爪花

爪花是指花瓣的外三瓣，从瓣尖端开始，沿着瓣缘向下，但不到瓣基的位置，有一段白色或黄色的丝线状变异，称为“爪花”。如‘雪山’、‘曙光’等。

（2）缟花

花瓣中部有白色或黄色纵向条纹，一般条纹不到瓣端，称为缟花。如‘绿云鼎’、‘晶亮天堂’等。

（3）覆轮花

整个花瓣边缘都镶有白色或黄色边线，即从瓣尖到瓣基都有丝线状变异，称覆轮花。如蕙兰‘霓裳羽衣’、春兰‘绿云覆轮’等。

（4）斑花

花瓣上有不规则的黄斑、白斑出现，一般此种花艺品种，其叶片上均有相应的艺向表现。如建兰‘韩江春色’。

六、叶形鉴赏

叶形鉴赏要求株形或直立雄健，或半垂柔美，雄健而不失秀美方为刚柔并举。叶片排列要整肃或屈曲有姿，具古朴之味，自然而不杂乱。叶质糯润，叶色滴翠，叶鞘坚挺，张扬有力道。

同一品种的国兰叶形不是一成不变的，在不同的环境条件下会有变化。例如在福建、广东栽培的兰花叶片多直立、挺拔；在山东、北京等地栽培的兰花则多弯垂。此外栽培管理的方法也会影响兰花叶形：偏施氮肥的兰株叶片较高大、直立；施肥均衡的兰株叶片比例协调，更具美感。

1. 立叶

叶脉硬朗，叶质较厚，叶形直立、挺拔有气势，犹如宝剑出鞘。代表品种如春兰‘汪字’、‘环球荷鼎’、‘奎字’；蕙兰‘金岙素’；建兰‘大青’；墨兰 ‘企黑’等。

墨兰‘企黑’

2. 斜立叶

也称半立叶，叶从植株基部斜上方生长，呈四面斜立状。如春兰‘龙字’，建兰‘锦旗’都是斜立叶的代表品种。

3. 半垂叶

是指国兰叶片在三分之二处斜向下弯垂，大多数国兰为半垂叶。如春兰‘宋梅’、‘廿七梅’、‘西子’等。

4. 调羹叶

叶短阔，头圆，脚收根，叶如调羹内扣，一般常见于一些荷瓣花的品种。如春兰‘环球荷鼎’、‘美芬荷’。

5. 垂叶

叶片从基部斜生至中段，自中段起渐向下转折，叶呈镰刀形或弓形。如春兰‘大富贵’、‘奇珍新梅’等。

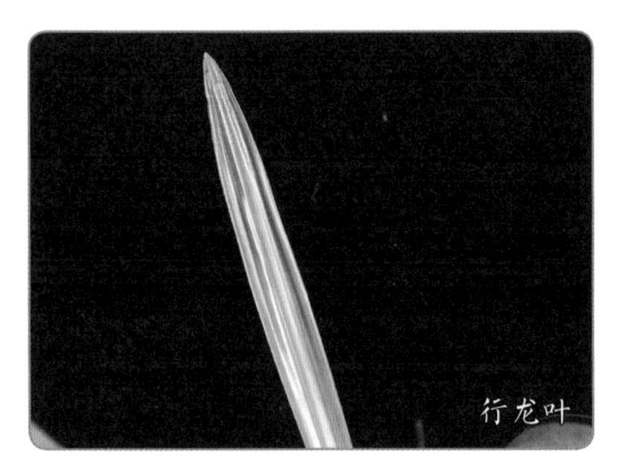

6. 行龙叶

叶面凹凸不平，叶子扭曲，叶质增厚，大多出现在墨兰矮种之中。如墨兰‘文山佳龙’、‘达摩’等。

七、叶艺鉴赏

由于基因突变或其他因素导致的国兰叶片上出现白色或黄色的条纹、斑点等变异现象，通称为叶艺。俗语“赏花一时，观叶经年”，叶艺国兰的鉴赏更侧重于叶片色彩的变化，如果在叶艺基础之上还具有色花或瓣型花等花艺，则又被称为“叶花双艺”，其欣赏价值及经济价值也将大幅增加。20世纪80年代来，受我国台湾以及日本、韩国兰界的影响，兰花的叶艺品种越来越受到重视，选育出不少花、叶均带艺的双艺品种，在我国的台湾、广东、福建地区一直受到热捧。

由于叶艺品种的叶绿素总量减少，导致其光合作用减弱，因此一般叶艺类品种长势较弱、抗性差，要求湿度较大、光照强度低的栽培环境。在叶艺兰栽培时，还需要严格控制氮肥的施用量，防止叶艺品种返绿。叶艺品种千变万化，其艺向常不稳定，会出现进化或返绿现象，所以常出现一个品种有若干个叶艺类型的情况，如墨兰矮种‘达摩’的叶艺品种就有‘中透达摩’、‘达摩冠’、‘达摩爪’等数十种之多。

墨兰‘闪电’的爪艺

1. 爪艺

从叶尖端开始，沿着叶缘向下，但不到叶基，有一段白色或黄色的丝线状变异，称之为“爪”。根据变异的部分在叶片上所占的比例，有深爪、浅爪之分。代表品种如墨兰‘金华山’、‘闪电’，蕙兰‘仙霞’等。

2. 覆轮艺

覆轮艺的艺向与爪艺相类似，其区别是覆轮艺的植株整片叶子边缘都镶有白色或黄色边线，即从叶尖到叶基都有丝线状变异。代表品种如春兰‘雪山’、‘帝冠’等。

3. 缟艺

缟，即线条的意思。缟艺是指叶片中部有白色或黄色纵向条纹。如叶片中部有一条白或黄线条，则称之为“中缟”。代表品种如建兰‘金丝马尾’、‘白玉素锦’等。

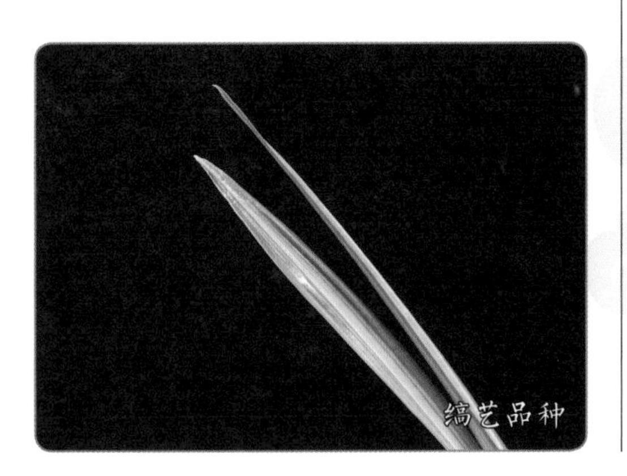
缟艺品种

4. 中斑艺

在叶片中央，从基部开始，有不规则的白色或黄色纵向斑纹，而其他部分均保持绿色，称为“斑”。条纹集中出现在叶的基部或下半部称为“晃”。另外，叶片上有白色或黄色细点的称为“锦沙”。代表品种如建兰‘八宝奇珍’，墨兰‘大石门’。

5. 中透艺

叶片的中央为黄色或白色的大面积斑块，而叶尖及叶缘保持绿色的艺向，称之为“中透艺”。中透艺属于艺向较为高级的变异，对环境条件要求较高，养植难度较大。中透艺常变成叶片全黄或全白的叶片，叶片中不含叶绿素，无法进行光合作用，最终导致死亡，又称为“幽灵草”。代表品种如春兰‘大雪岭’、‘军旗’等。

蕙兰的中透艺品种

虎斑艺品种

蕙兰的水晶艺品种

6. 虎斑艺

叶片上分布着大量的异色斑块，呈段状，其纹理斑驳似虎皮上的斑块，称为“虎斑艺”。春兰‘安积猛虎’即为此艺向的典型代表品种。

7. 蛇斑艺

叶面有大量的异色斑点组成的斑块，其纹理斑驳似蛇皮，称为“蛇斑艺”。日本春兰‘守门龙’即为典型代表。

8. 水晶艺

叶片组织出现晶莹透亮似水晶状物的变异，称为“水晶艺”。水晶艺出现在叶尖时，由于水晶状物的增生影响，使叶尖加厚，内凹呈凤头状、蛇头状、鹅头状等。代表品种有墨兰‘凤来朝’、‘奇异水晶’等。

9. 叶蝶

叶片由于雌性化，出现类似唇瓣一样的蝶化变异，一般叶片带蝶者，其花均为蝶花。如春兰‘虎蕊’、‘碧瑶’，莲瓣兰‘汗血宝马’等。

10. 麟生体

集矮种、水晶、中透三艺向于一身。水晶中透多出现在叶的下半部，叶尖正常，叶下部变宽增厚。麟生体属于新近发掘出的叶艺类品种，目前较为稀少、珍贵，代表品种有蕙兰‘晶莹之花’。

第三章 兰苑芳谱

——国兰名品介绍

一、春 兰

1.‘宋梅’

又名“宋锦旋梅”，是春兰梅瓣最具代表的品种。该品种为乾隆时期浙江绍兴的宋锦旋选出。叶斜垂，叶质糯润，花大出架。外三瓣收根、紧边，圆头有尖锋；平肩；蚕蛾捧，色翠绿，也有开白舌素心。‘宋梅’为春兰梅瓣代表品种，被推选为“春兰四大天王之首”、“春兰梅瓣之王”，并与‘龙字’合称“国兰双璧”。

春兰‘宋梅’（沈荣海摄影）

春兰‘贺神梅’

2. ‘贺神梅’

1915年春，由余姚江南阜生烟店黄成庆在余姚鹦歌山发现选出，又名‘鹦哥梅’。外三瓣短圆，细收根，紧边内扣如勺状，拱抱开放，两枚萼片平肩或飞肩，神采飞扬；五瓣分窠；软观音兜捧心，捧瓣前端淡黄色；刘海舌。花品端正，花色俏丽，是春兰中上品梅瓣品种，为春兰“老八种”之一。该品种叶片细狭，易草易花，但叶片易起黑斑，需要适当遮阴防护。

春兰‘绿英’

3. ‘绿英’

清光绪壬寅年由苏州顾翔宵选出。外三瓣圆头、细收根，瓣端有尖峰，花瓣内扣呈勺状，富有张力；蚕蛾捧，翠绿光洁，紧抱蕊柱；大如意舌，紧缩不露；花品端正。‘绿英’花色翠绿、细腻，是传统春兰梅瓣名品中少有的绿花绿梗品种，历来为兰界推崇备至。

春兰‘翠一品’

4. ‘翠一品’

春兰飘门水仙代表品种，抗日战争前由杭州吴恩元选出。外三瓣宽大、收根，瓣前端呈微飘状；软浅兜捧心；圆舌，舌上所缀大红点特别鲜艳；花茎细长；肩平；色翠。一般兰蕙中凡属皱角水仙瓣型者，唇瓣尖端部位必是微缺，而独此花不缺。‘翠一品’花形优美，舌上红斑鲜艳可爱，俗称“小西神”，为春兰中别具风格的水仙瓣贵品。

5. ‘苏州春一品’

抗日战争前由苏州贝氏选出，故亦名‘贝字春一品’，也称‘新春梅’。花型特大；外三瓣紧圆、细脚；硬蚕蛾捧；五瓣分窠；大圆舌；肩平；色翠绿。‘苏州春一品’花易开飘，容易开成行花。

春兰‘苏州春一品’（沈荣海摄影）

6. ‘绿云’

1969年产浙江杭州五云山，为留下镇陈氏所得。外三瓣短圆、阔大；蚌壳捧；刘海舌。此品种花的瓣、唇数量及形态变化极大，叶片肥环扭曲，为我国春兰荷瓣品种中的稀珍名种。

春兰‘绿云’（沈荣海摄影）

7. ‘红宋梅’

又名‘红跃梅’，1984年由绍兴棠棣徐红跃在镇海亚浦掘得。外三瓣收根圆头，紧边起兜、内扣，瓣厚，色翠绿；蚕蛾捧；如意舌，舌根部赤紫色；肩平，花容端正。‘红宋梅’为春兰新老种代表品种之一。

春兰‘红宋梅’

春兰‘老天绿’（王松涛摄影）

8. ‘老天绿’

据说20世纪初选育于苏州，另一种说法是于抗日战争时期选育的。叶片宽大，斜立，深绿色。花外三瓣圆头，有尖峰，瓣基收窄，外三瓣稍长，为梅形水仙瓣；棒心软糯，光洁；如意舌短小。‘老天绿’花色脆嫩，整朵花十分文秀，别有一番风味。

春兰‘永丰梅’

9. ‘永丰梅’

又名‘园梅’，1920年由绍兴花农在奉化选出。外三瓣紧边圆头，细收根；半硬兜捧，光洁圆滑；尖如意舌，舌上缀一鲜艳红色大斑块；花色不净绿，见光多时易发红。‘永丰梅’花期较晚，是春兰中花期最晚的品种之一。

春兰‘翠桃’

10. ‘翠桃’

清光绪年间在浦江选出。外三瓣特宽，瓣中央有半透明状增厚的筋，收根呈菱形，质厚，色翠，似桃花花瓣，故名。捧瓣合背，硬结成黄色硬块；舌厚且小，形似“三瓣一鼻头”。‘翠桃’有绿茎翠桃和红茎翠桃之分，应为同一品种变异而来。

春兰‘西子’

11. ‘西子’

由一代兰王沈渊如选出，系春兰水仙瓣名品。‘西子’花品多变，可开梅形水仙和荷形水仙。开梅形时，外三瓣紧边圆头，长脚细收根，瓣质肉厚，软蚕蛾捧，五瓣分窠，小刘海舌；开荷形时，三瓣头圆，收根放角，半硬捧，大圆舌。‘西子’花容丰丽，翠绿色，外三瓣镶白覆轮，清新秀丽。

12. ‘老蕊蝶’

春兰‘老蕊蝶’（王松涛摄影）

20世纪20年代初期，由杨杏生选出。外三瓣绿色，狭长，细竹叶瓣形；捧瓣演变成唇瓣状；内轮3枚花瓣向后翻卷，白底上的红斑鲜艳可爱。‘老蕊蝶’叶细狭半垂，叶尖尖锐，上花勤，属于传统选育出的唯一蕊蝶品种，可惜色彩对比不够强烈。

13. ‘冠姚梅’

春兰‘冠姚梅’

抗日战争前由余姚王叔平选出。外三瓣圆头收根，紧边内扣，富有张力；蚕蛾捧；大如意舌；平肩；色翠；花容端正。叶色浅，弓形。‘冠姚梅’易繁殖不易开花，一般要有十余株苗才会开花。

14. ‘环球荷鼎’

春兰‘环球荷鼎’

春兰荷瓣名品。1922年在上虞大舌埠山中发现。外三瓣短圆，肥厚，微有紧边，内扣呈勺状；圆短蚌壳捧；小刘海舌；中宫团和严谨，端庄富贵；花色呈琥珀色。苞叶水银红色，花茎根端呈微白色。叶长阔而环，呈弓形。为春兰荷瓣中叶片阔、长、弓形的代表品种。

15. ‘廿七梅’

春兰‘廿七梅’（王松涛摄影）

1980年由绍兴棠棣孙廿七选出，命名为‘廿七梅’，也有人叫‘叶梅’。外三瓣宽阔，有尖峰，瓣质肉厚，主瓣呈上盖状；两侧萼收根放角，呈一字肩；软蚕蛾捧，圆润光洁；五瓣分窠；大圆舌，舌面缀有红色鲜艳斑块。‘廿七梅’花守好，花形佳，属于春兰新老种的代表品种之一，花形端正，开花气宇轩昂，很有气势。

16. ‘定新梅’

春兰‘定新梅’（王松涛摄影）

1984年由舟山张根友在定海选出。‘定新梅’花瓣为软蚕蛾兜捧心，圆厚光洁；外三瓣收根放脚，阔大，瓣尖常有皱角并有黑点；唇瓣为大如意舌，初开时不下垂。小草大花型，花茎高，大出架，色翠，花容端正，是春兰新老种中难得的好品种。

17. ‘集圆’

春兰‘集圆’（王松涛摄影）

清咸丰初期由浙江余姚艺兰家选出，又名‘老十圆’。外三瓣圆头紧边，内扣呈勺状，瓣基收细，着根结圆；五瓣分窠；小刘海舌；花色微带黄绿色，肩平，瓣肉厚，花容端庄。‘集圆’易草易花，价格低廉，故为春兰中流传最广泛的品种之一，为春兰“四大名种”之一。

18. ‘汪字’

春兰‘汪字’

清康熙年间由浙江奉化汪克明选出。‘汪字’叶形直立；外三瓣长脚圆头、紧边，内扣明显，拱抱有气势；短捧；肩平；大圆舌；花茎特长；花色黄绿色；花期持久，至凋不变形，为水仙瓣中最富有筋骨者。健花性，为春兰中流传最广泛的品种之一，为春兰“四大名种”之一。

19. ‘龙字’

春兰‘龙字’

清嘉庆年间出自余姚高庙山，被誉为“荷形水仙之冠”，又名‘姚一色’。外三瓣圆阔而尖，起兜紧边拱抱；观音兜捧心软糯；五瓣分窠；大铺舌，舌上缀倒“品”字形3个鲜红点；花色嫩翠绿色，花容丰丽，花茎细长。‘龙字’为春兰荷形水仙代表品种，与‘宋梅’合称“国兰双璧”。

20.‘逸品’

1915年由余姚汪登科选出，是春兰水仙瓣代表品种。外三瓣长脚圆头，细收根，瓣端内扣拱抱，瓣上有筋纹；五瓣分窠；挖耳捧；小圆舌；中宫严谨，精神有致，仙风道骨。健花性，为春兰中流传最广泛的品种之一。

春兰‘逸品’（王松涛摄影）

21.‘大富贵’

清朝宣统元年，由上海花窖中选出，又称‘郑同荷’，是春兰荷瓣代表品种。外三瓣长阔，收根放脚，紧边，肉质感；蚌壳捧光洁圆润，捧内侧有紫红线；大阔圆舌，舌面红点呈“U”字形并鲜明。叶姿肥厚环垂，花形华贵，花品端正。

春兰‘大富贵’

22.‘昌化梅’

1991年发掘于杭州西郊临安县昌化镇附近山上。外三瓣长阔，瓣尖有缺刻，花开一字平肩，为特大型花，花守佳，至凋谢不变。‘昌化梅’色翠绿，质厚糯；硬蚕蛾捧，分头合背；大柿子舌，夹在硬捧中，舌中红块鲜艳稳定。

春兰‘昌化梅’

23.‘翠盖荷’

清光绪年间由冯长生选出。外三瓣短圆、紧边；磬口捧圆大；大圆舌；花茎矮，一般情况下仅高3～5厘米左右，不易出架。叶肥阔。株形短矮，一般仅高6～7厘米，为春兰中花、叶形最短小的品种。

春兰‘翠盖荷’

24.‘小打梅’

清道光年间在苏州花窖中选出，因购兰者相互争夺此品种，发生殴斗，故称‘小打梅’。其外三瓣短脚圆头，主瓣前倾盖帽，紧边；半硬兜蚕蛾捧；五瓣分窠；捧内侧底部有深紫红色色块；圆舌，舌上红点较淡；花微落肩。‘小打梅’中宫十分完美，小巧而秀丽，形神俱佳，是春兰之佳品，为春兰“老八种”之一。

25.‘万字’

相传该品种是在清同治年间发现于浙江余姚山上的梅瓣春兰，转运到浙江嘉兴出售。后在嘉兴被烧毁的“鸳湖楼”旧址附近卖给当地一位文人沈智明，“沈”以买地名和花瓣形状为其命名‘鸳湖第一梅’。后来“沈”将其卖给杭州万家花园，故被命名为‘万字’。外三瓣短圆阔大，瓣尖有尖峰，主瓣盖帽前倾，瓣基收窄，花瓣肉质感厚，一字肩或飞肩，神采飞扬；蚕蛾捧心紧抱蕊柱，紧边成深兜状，兜头泛红晕；如意舌小而圆；中宫团和，花品端正文秀，气宇轩昂。日本把‘万字’与‘宋梅’、‘集圆’、‘龙字’4个春兰品种誉为春兰“四大天王”。

26.‘无双梅’

1916年，上海徐子麟所得新种。外三瓣短阔起兜，呈勺状，细收根，拱抱团和，带淡紫红色红筋条纹；五瓣分窠；软蚕蛾兜捧心；小如意舌；中宫甚美。‘无双梅’花茎较高，开花极有气势，属春兰梅瓣精品。

27.‘瑞梅’

抗日战争前由浙江绍兴刘阿余采得，后卖给苏州谢瑞山，谢瑞山以自己的名字为其命名‘瑞梅’。外三瓣紧圆，瓣肉厚，起兜有尖峰；五瓣分窠；半硬蚕蛾兜捧，光滑软糯；小刘海舌，尖仰不舒；一字肩。‘瑞梅’易草易花，花形小巧，为流传最广泛的春兰梅瓣精品之一。‘瑞梅’常被当做‘万字’销售，但其花茎赤红色，顶上一节更红，与‘万字’区别明显；此外，‘万字’捧端有红晕，花也比‘瑞梅’大。

28.‘西神梅’

1912年，无锡荣文卿选出。花开正格梅形水仙，为春兰“梅形水仙之冠”，被誉为“无上神品”，深受推崇。外三瓣短圆、平边，微兜，主瓣前倾盖帽；蒲扇式浅兜捧心；刘海舌，舌上缀一朱红色鲜艳大红斑块；花茎细长；花姿神俏秀丽。叶片细狭弯垂呈弓形，株形秀美，极易开花，但发苗率低。‘西神梅’变异品种浅兜水仙‘翠微’也称为‘西神同乐梅’。

29.‘天兴梅’

清光绪乙酉年，即1885年，由沈姓花农选出，后由嘉兴许霁楼种植。外三瓣短脚、圆头，花形大，瓣幅特阔，收根细，瓣尖有尖峰，质糯肉厚，有绿色筋纹脉络；主瓣上盖呈兜状；蚕蛾捧心，捧易开拆，露出鼻头；三角形刘海舌下挂，舌上小红点密集、鲜艳。

30.‘桂圆梅’

1912年由绍兴朱祥保选出，又叫

‘赛锦旋梅’。外三瓣短圆阔大，紧边内扣，起兜呈勺状，色净绿；合背半硬捧兜；小刘海舌，舌上有暗红圆点。花品端正，开好可与‘宋梅’媲美。‘桂圆梅’花品不易端正，在花苞开放时需要人工帮助挑开苞壳方能开出好花。

31.‘老代梅’

清道光年间，由浙江宁波兰贩选出。通常一花茎开上下两朵花，犹如“两代同堂”，故以“代梅”命名。外三瓣头圆，细收根，主瓣昂立，神采飞扬；半硬兜蚕蛾捧；小如意舌；花色脆嫩，为春兰中别具一格之梅瓣名品。

32.‘四喜蝶’

于20世纪20年代初选出。叶姿半垂，浓绿有光泽，叶质厚硬刚强，叶缘齿粗。花朵外轮4片形似普通花，呈“十字形”分布排列，内轮4片上下2个舌瓣，捧瓣也有舌化，蕊柱变形成小舌瓣，为蝶花中的奇异品。‘四喜蝶’花开不稳定，植株健壮时才可开得雍容华贵。

33.‘余蝴蝶’

抗日战争前从中国输往日本的下山兰中选育而出，在日本命名，为春兰多瓣奇花代表品种。花开菊形，花瓣多重，达60余瓣，瓣上有唇化现象；有些花瓣雄性化起兜，兜中有黄色花粉块。‘余蝴蝶’花香浓郁，花期较长，是春兰中花香最好的品种之一，深受兰友喜爱。

34.‘红龙字’

‘红龙字’早期从中国流传到日本，名字为日本人所取。外三瓣宽大呈菱形，瓣端尖锋长，属大荷花形瓣，紧边，肩平，有网状的脉络筋纹，花瓣瓣质厚；分窠半硬蚕蛾捧，捧端部加厚似犄角凸起，呈淡黄色。‘红龙字’花品不易稳定，容易开飘成行花。

35.‘汪笑春’

发现于20世纪20年代初。叶直立性强，浓绿色。花为猫耳水仙捧，捧尖中部有2个紫红斑点，对比强烈。‘汪笑春’花色俏丽，属于飘门水仙瓣，灵动可爱。

36.‘江南雪’

1983年由杭州黄小金选出。壳色翠绿，筋纹、沙晕俱佳；花开素心蝉翼梅瓣，填补了素心梅瓣的空白。因其舌头洁白如雪，故命名为‘江南雪’。‘江南雪’在发掘之初曾轰动一时，但后期复花花品大打折扣，所以逐渐被遗忘。

37.‘文漪’

1983年由杭州韩志冰从梅登高桥花市选出。‘文漪’花开多变，草壮时，外三瓣阔大头圆，收根细，极紧边并呈合抱状，软蚕蛾捧，刘海舌上倒品字形红点鲜明，肩平，花茎高，花色翠绿，花品端正，筋骨好，花容清秀，姿态大方；中草时开花外三瓣呈橄榄形，收根头尖。‘文漪’叶性斜垂，叶质厚，叶色浓绿。‘文漪’花开拱抱，花守极佳，亦是春兰新老种代表品种之一。‘文漪’在2003年获浙江省兰展银奖，2005年获“步森杯”浙江省海峡两岸兰花博览会金奖。

38.‘玉梅素’

清康熙年间在绍兴选出，是目前流传最为广泛的春兰品种之一。外三瓣长脚圆头，收根平边，瓣端微飘，微落肩；浅兜捧；净白如意舌，腮部有微红，也称“赤壳桃腮梅素”。

39.‘端秀荷’

外三瓣短阔，收根放角；蚌壳捧；大刘海舌；花茎长。苞叶紫红色。叶短阔微斜披。

40.‘文团素’

狭瓣荷型素心。清道光年间由苏州周姓人士选出，故亦名‘周文段素’。外三瓣长阔，瓣尖有尖峰，收根细，微有紧边；瓣尖部厚肉质感，硬挺；一字肩；剪刀捧；五瓣分窠；唇瓣为白色大卷舌；花色翠绿；花容素雅端庄。

41.‘杨氏素荷’

1920年由陈义室主人选出。外三瓣短阔、头圆，收根放角，瓣尖有尖峰；浅蚌壳捧；大圆舌、微白绿色，微向后卷曲；花色翠绿娇嫩，为春兰素荷中的上品。

42.‘张荷素’

清宣统年间由绍兴棠棣刘茂成选出，俗称‘大吉祥素’。外三瓣长阔，收根稍细、放角；剪刀捧；大圆舌、白色；大落肩；花茎长，偶有一茎二花。‘张荷素’花大，花色脆嫩；惜花守较差，常开大落肩，实为一憾。

43.‘蔡梅素’

清乾隆年间由浙江萧山蔡姓人士选育,故又名‘萧山蔡梅素’，是我国古代流传至今的唯一一个绿壳素心梅瓣品种。外三瓣长脚细收，大圆头，紧边，质厚糯，一字肩，三瓣微向内拱抱；五瓣分窠；半硬捧心，捧瓣头部淡黄色；大圆舌下宕而卷；花色碧绿，舌瓣净白。花茎绿白色，细圆高挺齐叶架，花品端正，风韵清高，梅形水仙中唯一的素心品种，实为江浙春兰上品。

44.‘蔡仙素’

关于‘蔡仙素’的历史一直有争议，不少人认为它是由‘蔡梅素’变异而来的。其实这个品种1915年春出自宁波余姚梁弄山中，后被卖给宁波西门口的潘宏琪。因其形色与‘蔡梅素’有些相似，又是水仙瓣，故“潘”命名其为‘蔡仙素’。此种后来在我国失传。1931年被日本引去，1990年已从日本引归回国。其外三瓣收根，圆头带锋尖，紧边；两片副瓣长脚，瓣端卵形有锋尖，略比主瓣狭长，微飘；一字肩；花蕾绽放前有白边，绽放后外三瓣边缘仍有隐白边；半硬蚕蛾捧，瓣端圆整呈现淡黄色；唇瓣为乳白色，刘海舌下宕，久开微卷，花品清秀。此品种栽培管理难，生长不易强壮。此种是春兰水仙素中唯一的老品种。

二、蕙 兰

1.‘程梅’

蕙兰‘程梅’

赤蕙梅瓣，又名‘程字梅’，乾隆年间由江苏常熟程医生发现。蕙兰中最具士大夫气概者，赤蕙之冠。‘程梅’花茎粗壮高出叶架，红簪绿花，疏朗有致，一茎着花7～9朵。外三瓣紧边短圆；半硬蚕蛾捧，瓣肉厚且糯润；龙吞舌；主瓣上盖状；平肩。‘程梅’叶幅宽阔，叶姿半垂，叶色深绿光亮，叶缘锯齿明显，气势雄伟，被誉为“赤蕙之王”。

2.‘关顶’

蕙兰‘关顶’

赤壳类梅瓣，乾隆时期由苏州浒关人在万和酒店选出，故又名‘万和梅’。花苞赤壳，紫红筋麻；花茎高出叶架，高达50厘米左右，每茎着花8～9朵，赤梗赤花，俗称‘关老爷’，喻其花带紫红色。叶姿半垂，叶幅宽阔而长，和‘程梅’一样属大叶型。外三瓣短圆，厚肉，紧边；花色较暗，不够明丽；肩平；豆壳捧；大圆舌，绿苔舌上缀紫红色块。

3.‘大一品’

蕙兰‘大一品’

绿壳类大荷形水仙瓣。其阔叶环垂，富有光泽。外三瓣收根、放脚、圆头；五瓣分窠；色翠绿；瓣挺质糯；大软蚕蛾捧；大如意舌，上有鲜艳红点；一字肩，盛开后后翻。‘大一品’被推崇为蕙兰中“荷形水仙瓣之冠”，被列为传统蕙兰“老八种”之首位。

蕙兰‘荡字’

4.‘荡字’

清道光年间，在苏州至荡口的花船上出售。当时有人采得大丛落山蕙草，分成4丛放舟游卖，有人于荡口镇买得一丛命名‘荡字’，有人从西塘镇亦购得一丛取名‘小塘字仙’，应属同物异名。其花茎细挺，高出叶架，着花7～9朵，花形较小。外三瓣头圆稍狭，紧边，一字肩；蚕蛾捧；五瓣分窠；如意舌，舌面布满鲜艳的红点，为典型的小荷形水仙瓣名品。

蕙兰‘老上海梅’

5.‘老上海梅’

绿壳类梅瓣名品。清嘉庆年间，由上海李良宾选育，故名‘老上海梅’，被列入蕙兰“老八种”之一。灯芯梗，花茎细长，高出叶架，着花5～8朵，舒朗有致。外三瓣长脚圆头，平肩拱抱，紧边质厚；捧瓣抱合圆整；穿腮小如意舌，舌上红点色浓。‘老上海梅’花品匀称端正，骨力极好，开飞肩时，神韵极佳，神采飞扬。‘老上海梅’懒花，因其花形、叶姿与‘仙绿’类似，因此常有拿‘仙绿’冒充此花者。

蕙兰‘潘绿’

6.‘潘绿’

绿壳类梅瓣，清乾隆年间选出，曾列入老种绿蕙“四大名种”。叶片宽阔，叶斜立半垂，叶质厚硬。每花茎着花6～9朵，花开舒朗有致。外三瓣长脚圆头，瓣基收细，肩平色翠；两片硬捧捧瓣黏合，俗称“油灰块”硬捧；穿腮小舌有根无舌紧缩捧下。外三瓣色彩均佳，但中宫极不协调。惰花性，不易开花；需培育壮株，增施磷钾肥，多见光照方可见花。

7. ‘元字’

清道光年间，由苏州浒关爱兰者选出，为赤壳绿花梅瓣精品。叶片阔大，株形雄伟健壮，出芽率低，极易开花。花朵大，花品端正，每花茎着花5～7朵，显得分外疏朗。外三瓣长圆形，紧边，瓣质厚，平肩，瓣色绿中泛粉红；五瓣分窠；半硬蚕蛾捧，捧心圆整光洁，捧瓣上前端有一指形叉；执圭舌，舌瓣上红点成块状，色彩鲜艳。‘元字’是赤蕙中难得之精品，为蕙兰“老八种”之一。

蕙兰‘元字’

8. ‘老极品’

绿壳类绿蕙梅瓣。1901年，即清光绪二十七年，由杭州公城花园冯长金氏所发现。叶片斜立，株形壮阔。外三瓣圆头，紧边，内扣，瓣肉质厚，长脚细收根；龙吞大舌；肩平色翠，被列入蕙兰“新八种”之一。‘老极品’花开壮观、大气，但因开花较多，花朵之间间距不够舒朗，显得略为拥挤，影响整体美感。

蕙兰‘老极品’

9. ‘庆华梅’

绿壳类梅瓣名品。三瓣短圆头，紧边厚肉，色翠绿；蚕蛾兜捧心；如意舌；平肩。花品端正，被列入蕙兰“新八种”之一。

蕙兰‘庆华梅’

10. ‘江南新极品’

赤壳绿花梅瓣名品，蕙兰“新八种”之一。1915年，由浙江绍兴钱阿禄选出，江苏无锡杨干卿种植。叶姿半垂；外三瓣紧边收根结圆；五瓣分窠；瓣质厚而糯，淡翠绿色；大龙吞舌，舌面红斑分布均匀鲜丽；花守极佳。‘江南新极品’花开舒朗有致，别具风韵。

11. ‘崔梅’

由杭州崔怡庭选出，以自己姓氏命名。花茎浅渌色，小花柄粉紫色，着花5～13朵。外三瓣长脚、大圆头，细收根，肉厚质糯；五瓣分窠；龙吞舌，颇有气势，舌面有鲜艳的红点；花品端正，为赤转绿梅瓣佳品。‘崔梅’花略小，但不失雅致端庄，为蕙兰“新八种”之一。

12. ‘端梅’

赤转绿壳类梅瓣珍稀名贵品种，花品端正大气，故名‘端梅’。据《兰蕙小史》介载：“于民国二年，由杭州卢长寿选出，售于吴恩元养育，到1919年复花，开10朵，花容端正，江南兰王亲自为之命名‘端梅’。”外三瓣头圆、边紧、色绿，平肩；五瓣分窠；蚕蛾捧心，圆整光洁；大如意舌上缀鲜艳的红色斑块；花朵排列较密。被列为蕙兰“新八种”之首，因其价格高昂，市场上常有以‘崔梅’假冒‘端梅’者。

13.‘郑孝荷’

蕙兰‘郑孝荷’

蕙兰赤壳类绿花飘门水仙名品，也称‘丁小荷’，抗日战争前于浙江被选出。新芽翠绿，芽尖有红丝晕，为其辨识特征。叶质厚，叶面有“V”形叶沟，叶姿斜立。小花柄紫赤色，花茎粗，淡赤绿色，花序排列舒朗有致；外三瓣收根放角，呈荷形，花瓣文飘；蚌壳捧上扬；刘海舌，肉厚，上有鲜艳红点，舌顶端常有缺刻，为其辨识特征。

14.‘长寿梅’

蕙兰‘长寿梅’

蕙兰梅瓣传统名品。1918年由杭州的罗长寿选育，后栗阳的唐驼改名为‘长寿梅’。花茎粗高，色翠绿；花柄暗赤紫色；每花茎着花6～10朵，花朵间距较大，花开舒朗有致，花色泛红彩。外三瓣长脚、大圆头，紧边内扣如汤勺，一字肩，花瓣特厚；深兜半硬捧；舌瓣长圆放宕不卷，上有淡红色点；花形雄伟，花色鲜绿而光亮。‘长寿梅’易草易花，性强健，加上名字寓意吉祥，因此深受人们喜爱。

15.‘端蕙梅’

蕙兰‘端蕙梅’

蕙兰赤转绿壳梅瓣精品，传统蕙兰品种之一。由绍兴诸长生发现，后由无锡曹氏培养，取五官端正之梅瓣精品而命名。细厚叶环垂，叶姿颇秀气。外三瓣长脚紧边，圆头，细收根；两侧萼平肩；花色俏、清丽；浓香；半硬兜捧心；大如意舌端正，舌面红点鲜明。

蕙兰‘金岙素’

16.‘金岙素’

叶片直立、挺拔，为传统绿梗绿花最好的荷形素心品种。花呈荷形，外三瓣收根放脚，平肩，色翠绿；捧瓣前端微狭，紧抱蕊柱；唇瓣向后卷曲，上面有黄色与绿色的舌苔，闪烁着玻璃般晶莹的绿彩或黄彩。叶细且直立，叶色淡，易被阳光灼伤，应防强光晒。‘金岙素’叶片直立，且易焦尖，影响整体美观。

蕙兰‘翠定荷素’

17.‘翠定荷素’

绿蕙素心品种，抗日战争前选出，又名‘宝蕙素’。花品端正，清秀。叶半垂，叶色翠绿，叶姿优美。外三瓣竹叶荷形，质厚；剪刀捧合抱；绿苔大卷舌。

蕙兰‘大陈字’

18.‘大陈字’

荷形官种水仙瓣。清乾隆年间由浙江嘉兴陈砚耕选出。外三瓣长阔，有收放，呈荷形，落肩；软浅兜捧心；大柿子舌；赤绿花，花茎细长。在植株瘦弱时，可能开出无兜滑口水仙瓣花。

19. ‘老染字’

赤壳类梅瓣。清道光年间，由浙江嘉善阮姓染坊选出，亦名‘阮字’。五瓣分窠；外三瓣短窄深，肩平，色昏暗不够清丽；大观音兜捧心；唇瓣尖部常被嵌窄不舒、上翘或歪斜，故俗称为“秤钩头”。

蕙兰‘老染字’

20. ‘解佩梅’

20世纪20年代初，由上海张姓爱兰者选出，是蕙兰流传最为广泛的梅瓣名品。叶细长，光滑油润，呈蓝绿色。花柄呈紫红色，捧心玉质感强，被誉为“红簪碧玉”。外三瓣长脚、圆头；如意舌圆短而大，不反卷。‘解佩梅’清新秀丽，花叶俱佳，深得兰人喜爱。1987年，靖江‘解佩梅’首次参加在北京举办的中国花卉博览会，获优质展品奖。

蕙兰‘大叠彩’

21. ‘刘梅’

绿蕙正格梅瓣，由绍兴刘恒丰选出。叶细狭，深绿有光泽，其外形与蕙兰‘解佩梅’类似，勤草懒花。花茎绿色，细长挺拔，为灯芯梗，高出叶架，小花柄特长，花开舒朗有致。外三瓣长脚圆头，瓣质厚实而糯润，紧边；五瓣分窠；蚕蛾捧；大如意舌，舌面缀有艳丽的红点。花品端正秀美，为绿蕙中的梅瓣上品。

蕙兰‘刘梅’

蕙兰‘大叠彩’

22.‘大叠彩’

1997年春，常熟钱永康向浙江定海吕建军购得，原名‘千岛叠彩’。知名兰家顾树棨先生晚年将其更名为‘大叠彩’。叶姿环垂；花茎浑圆直挺，高出叶架，小花柄鲜紫红；外三瓣狭长、翠绿；两捧瓣蝶化成唇瓣状，上缀有密集艳丽的红斑。‘大叠彩’为蕙兰中少有的“三心蝶”品种，曾经轰动一时，惜此花花开朝下，缺乏“精气神”。

蕙兰‘九华红素’

23.‘九华红素’

安徽产绿蕙红素代表品种，下山于安徽大别山区，由皖兰前辈郭炳传老师命名。新苗叶片下半部常有亮丽的块状黄斑，类似病毒病引起的花斑，老苗斑艺隐退，这是‘九华红素’的辨识特征之一。

蕙兰‘仙绿’

24.‘仙绿’

绿壳梅瓣传统名品。20世纪20年代初由宜兴艺兰者选出，别名‘宜兴梅’，因花形酷似‘老上海梅’，故亦称‘后上海梅’。花色翠绿；外三瓣狭长；羊角兜捧心；五瓣分窠；舌长不卷，上缀密集的鲜艳红点，对比强烈。‘仙绿’花色翠绿，寓意吉祥，深得兰友喜爱。‘仙绿’花较难开好，但植株较壮时，常有梅形水仙瓣开出，因此常有人以此种混充‘老上海梅’出售。‘仙绿’懒花，往往满满一盆仍不见花，需多晒太阳，适当控水，并在花芽分化期多施磷、钾肥，方能起花。

25.‘老朵云’

由无锡兰艺名家蒋东孚选出。当时兰界公认春兰‘绿云’与蕙兰‘老朵云’同为兰蕙之极品；‘老朵云’和蕙兰‘老蜂巧’齐名，是仅有的2种能凌驾于蕙兰“新、老八种”之上的蕙兰最高品级品种，合称“蜂巧朵云”。‘老朵云’五瓣呈波状后卷；捧瓣圆阔，似猫耳状般向上翻皱着生，每片捧瓣内向中心处有一细圆淡黄色雄性化变异的凸出痕，周围有黄、白、绿色晕；大刘海舌。‘老朵云’是皱角梅瓣类中别具风格的新奇品种，亦为我国兰蕙奇瓣型增加了一种波瓣凸捧形式。

26.‘老蜂巧’

绿花梅瓣飘门贵品。外三瓣文皱，收根细、放角，呈荷形；猫耳捧；方缺舌；花色微黄。《兰言述略》记载：“蜂巧梅，花长脚文皱，飞肩，捧如猫耳，方缺舌。康熙时出朱家角市井小人家，有洞庭东山金姓者，设质库在彼，向买不肯，嘱贼偷出携归洞庭，分往各处，迩惟洞庭东山朱善山家尚有。”相传因争夺此花所属权，两人向官场行贿，逐级上诉，未获胜负，直上告至康熙皇帝，引起他好奇，下令将此花送京。当观赏时，恰巧有一只蜜蜂飞落至花朵上，当即命名为“蜂巧”。‘老蜂巧’目前受争议较大，常见展出的为常州‘老蜂巧’，近年来，日本返销回来的海归‘老蜂巧’也频频露面，吸引眼球。

27. ‘翠萼’

绿壳类梅瓣，1909年由无锡荣文卿选出。外三瓣呈椭圆形，花肉极厚，瓣尖微飘；五瓣分窠；硬捧；如意舌，舌根不露；花色特别翠绿，为小巧可爱的小花形绿蕙飘梅。

28. ‘楼梅’

绿壳类官种荷形水仙瓣。清光绪年间由绍兴楼姓者选出，故命名为‘楼梅’。‘楼梅’花色翠绿，外三瓣阔大，收根放脚，是蕙兰传统荷形水仙瓣中的佼佼者，深受兰界推崇，人们认为唯有此花可与‘大一品’相媲美。‘楼梅’为灯心梗，高出架，每茎着花6～9朵，排铃疏朗，小簪细长；花色翡翠绿色；外三瓣阔大，肉厚质糯，主瓣上盖；五瓣分窠；浅软兜蚕蛾捧；大圆舌，舌面红斑醒目，久开舌端后卷。‘楼梅’花色翠绿俊俏，瓣面如涂蜡，精神有度，久开不变形。

29. ‘荣梅’

赤壳类梅瓣名品。据《兰蕙小史》记载：“民国初年新种。无锡荣文卿植。三瓣长脚圆头，质糯肉厚，分窠半硬兜捧心，间有合根者，圆舌，色绿肩平，干粗长。六年冬王长有携小草两简至杭，与九峰阁易春兰奎字。”花外三瓣长脚圆头；五瓣分窠；半硬捧；小如意舌；花色翠绿。‘荣梅’是蕙花“新八种”之一，目前流传极少。

30. ‘温州素’

蕙兰传统大花型素心品种，20世纪20年代初选育。叶姿半垂，叶质厚硬，叶幅宽阔，植株雄壮威武，叶形刚劲有力，叶缘锯齿粗，叶色深绿，有光泽。花茎绿白色；花外三瓣呈柳叶状，紧边，质厚，花久开微落肩；剪刀捧；大卷舌；花色黄绿。

31. ‘适圆’

也称‘敌圆’，蕙兰传统梅瓣名品，因其花色赤红，也称‘红梅’。叶姿中细、半垂，花茎细长，高出叶架。外三瓣短圆，紧边起兜，宽阔圆润，瓣肉质厚，瓣端带尖锋，绿色常带紫红色；半硬兜捧心；如意舌，初开时舌紧缩捧内。能与‘关顶’相媲美，惜花守较差，舌常尖长下挂，与外三瓣比例极不协调。

32. ‘佳韵’

2002年于湖北下山，为绿蕙梅瓣精品。外三瓣长圆形，质厚糯，色脆嫩，拱抱而开；五瓣分窠；软兜捧心，紧抱芯柱；中宫严谨团和。每茎着花5～10朵，小花柄长，排列有序，初开甚美，可与‘荡字’媲美；惜花守较差，盛开后外三瓣拉长，比例失调。

33. ‘荆溪彩云’

赤转绿飘门水仙瓣新品。1987年由宜兴郜顺大从山采蕙兰中选出，无锡钱仲甫因此花似老种‘朵云’而为其命名。外三瓣短阔细收根，瓣端反翘，花瓣质地厚糯；捧瓣短阔呈猫耳状反翘，上有黄色乳块，雄性化明显；刘海圆舌，上有白、绿、红3色；花色丰富多彩，花形姿态优美，实为蕙中上品。

34.‘卢氏蕊蝶’

绿花三星蝶代表品种。外三瓣细狭翠绿；两捧瓣完全唇瓣化，白底红斑，色彩艳美斑斓，对比明显；花瓣与萼瓣均呈动态扭转状下垂；鼻头异化成喉管。‘卢氏蕊蝶’奇姿异态，花形飘美，花品稳定，属蕙花蕊蝶珍品。

三、建 兰

1.‘君荷’

建兰荷瓣品种。叶色深，质厚，叶幅宽大，起皮，且有行龙，叶尾钝圆。花期6～10月。花高20～40厘米，每茎开2～7朵；大花型荷瓣；花茎高企；花色微红，嫩绿中嵌红线；舌颜色鲜艳。‘君荷’气宇轩昂，观赏性极强。

2.‘中华水仙’

建兰水仙瓣新花名品，为新花水仙瓣中的代表品种之一。叶姿斜立，半弯微扭，叶质厚实，叶阔。花开梅形水仙瓣，花色翠绿温润，花香醇正，花瓣肥厚。外三瓣收根、放角，线条非常优美，打开恰到好处，舒展大方；软捧；方缺舌。花斜向上开，整体精神大气。

3.‘青神梅’

‘青神梅’，也称‘青神第一梅’，建兰梅瓣中的顶级精品。1998年下山于四川青神县罗湾乡青峡湖畔。是建兰瓣型花中骨力甚佳的品种。

4.‘四季集圆’

建兰经典品种。花大，颜色纯净，清新，香味浓郁。一般花开出架，整体协调，很有美感。骨力甚佳，至花谢不变形。

5.‘四季万字’

绿梗绿花苞，软捧软兜，整个花色素净而呈纯嫩黄色，花径大而香，花茎大出架，开花花品稳定。

6.‘老种荷仙’

叶平滑弯垂，有轻微指印，叶姿秀美婀娜。花翠绿淡雅，两副瓣根部有对称小红沙晕；外三瓣秀长而略弯垂；软捧；短舌紧抱其中；中宫紧凑圆润。‘老种荷仙’花瓣厚实，骨力甚佳，久开不变形；中宫随开花时间推移，更加圆润丰满，与舒展略弯垂的外三瓣配合得甚为和谐；整朵花极具灵气，仙气清凛而不落俗臼，堪为最正格水仙瓣花。

7.‘泸州荷仙’

产于四川泸州。外三瓣翠绿，收根、放角、紧边；捧瓣短圆，有白头；舌短圆，平张；中宫整体圆润工整。‘泸州荷仙’是建兰中不可多得的优秀品种。

8.‘举国欢庆’

四川产建兰红花副瓣蝶精品。叶片宽

厚有力，鱼肚叶；常有淡黄色暗性蛇皮斑。花粉红色、艳丽，中等大小，幽香，花常出架；两副瓣蝶化，蝶化程度高，红斑块大而鲜艳，对比度高；花叶搭配协调。

9. ‘丹心荷’

产于四川峨眉山地区的荷瓣品种。叶色碧绿，株形松散，叶面平展，光滑有质感。一般每茎着花4~6朵，花茎与外瓣均为翠绿色；外三瓣内扣合抱，微落肩；舌上红黑大红彩和主瓣的翠绿形成鲜明对比，色俏丽。幽香浓郁，花期较长，小出架，整体株形十分协调。

10. ‘荷王’

建兰荷瓣代表品种。叶片较宽阔，肥厚，微扭，叶形自然流畅，叶色为深绿色。每茎着花3~5朵；主瓣端正，副瓣平肩；外三瓣短阔趋圆，肥厚，紧边，拱抱；捧短圆，软兜；唇瓣短、圆、阔，舌上红块鲜艳夺目。‘荷王’花色亮丽，神韵高贵，为标准荷瓣上品。

11. ‘绿光登’

建兰梅瓣花代表品种。花品为正格黄花梅瓣，中宫端正，外三瓣收根放角，花瓣厚糯。花茎为翠绿、无杂色，故有‘绿光登’之称，其与‘黄光登梅’并称为姐妹花。‘绿光登’花品多变，不易稳定。

12. ‘一品梅’

又称‘盖梅’，建兰十大名花之一。叶半垂，最外侧2片叶子较开张，内部叶片较直立。花外三瓣均称，收根、放角、起兜，肉质厚；如意舌；正格花，为建兰梅瓣的代表品种。‘一品梅’花朵形态端巧雅丽，香气浓郁，每茎花开5朵以上，大气壮观。

13. ‘红一品’

1993年在四川峨眉下山，2004年由四川都江堰王进命名。株形小巧可人；花色艳丽，开品端庄舒展；瓣厚；萼片紧边、圆而收根；中宫标准。整花瓣、形、色俱佳，神韵十足。‘红一品’花品特别稳定，不论地域及苗壮弱与否，都能开出正格、标准的梅瓣花。

14. ‘含玉’

建兰水仙瓣名品。花大而气质甚佳，清新脱俗，在建兰水仙瓣中独具一格。捧瓣、舌瓣抱合，呈非常漂亮的圆形，花品十分稳定。花茎高，花大而排铃比较舒展美观，即使远观，亦十分大气。

15. ‘夏皇梅’

建兰“四大名品”之首，出自四川郫县。叶形为长鱼肚形，叶尾稍钝，叶面波浪纹稍重，叶片厚实。花黄白色；软兜；龙吞舌；外三瓣稍短，瓣尾稍尖。‘夏皇梅’开品稳定，惜花形稍小。

16. ‘峨眉弦’

建兰中的顶级线艺品种，瓷白艺，花为覆轮缟花，花叶艺双全。叶线艺色雪白，并能集中斑、中透、扫尾、缟、爪、覆轮多种艺态于一体，叶片肥厚，脚壳红色，叶上背银通体，新芽鲜红亮丽。花为缟花，白底，绿缟艺，对比鲜明，与叶艺相得益彰，浑然一体，实属兰花中难得一见的珍品。

17.‘青山玉泉’

1992年由香港的张意选育，原名‘白杆素’。1999年台湾林盈竹大量采购栽培推广，因其花瓣的外缘呈绿色、犹如青山，而其他部分洁白如雪、晶莹剔透，整体组合如清澈的泉水源自青山，故取名‘青山玉泉’。中垂叶形，高脚垂尾，叶幅修长，新芽呈先明性（指新苗一出土展叶就具备完美的艺向）绿覆轮中透，随着新芽渐长逐步消退。花内外瓣雪白带绿覆轮，瓣尾镶浅绿爪，微落肩，白舌黄苔，乳白色梗柄，出架，浓香。其花色可与‘玉雪天香’媲美，瓣形有过之而无不及。

18.‘彩虹’

台湾产建兰名品，为台湾早期输出日本的重要建兰线艺品种之一。叶姿中立、叶片坚挺，叶幅宽大，小芽叶鞘大红色。花色鲜艳，粉红色，花形端正，花序排列均匀。‘彩虹’是‘小桃红’的基本进化艺，种养容易，价格是几元至十多元一苗，建兰叶艺品种入门之首选。

19.‘仁化白’

产自广东的仁化县，是栽培历史悠久的传统素心品种，是以产地名加其花色而命名的。其花如玉洁、油润的瓜子仁那样白，也俗称‘瓜子白’。花幽香，花瓣狭窄，是建兰大宗交易的统货之一。

20.‘凤尾素’

产于福建，很早就被引种栽培，是历史悠久的家养品种。花青白色，花瓣狭窄；唇瓣白色，尖端反卷；花香气较好。‘凤尾素’具有叶姿独特、香花出架、适应性强、发芽率高的特点。由于它的叶质薄，极易出线艺、奇叶，因而成为兰家必备的当家品种，深受兰友的喜爱，历代兰籍都倍加推崇。

21.‘铁骨素’

建兰传统素心名品，原产广东，在我国栽培历史悠久，很早就有栽培。品性优良，是优质的建兰素心花品种。其叶韧性强且质地坚硬，若铁皮；花茎细且挺立，若铁筋，故得名“铁骨素”。近年来出现众多芽变精品品种，诸如线艺和水晶艺的变异品种，深受兰界推崇，是不可多得的精品建兰老种。

22.‘龙岩素’

‘龙岩素’为素心建兰流传最广的名种，因产于福建龙岩而得名。几乎凡养过国兰的，都种过‘龙岩素’。它的品类繁多，现有各种线艺的变异品种，清代广东著名艺兰家区金策先生所著《岭海兰言》一书中就有记载。其花色青白，花瓣窄，花香悠远，是建兰大宗统货之一。

23.‘荷花素’

建兰荷瓣素心品种。原产广东仁化县，栽培历史悠久，是建兰传统名品中的佼佼者。中垂叶，叶幅宽阔，叶形曲线优美；假鳞茎较大，一茎3～5叶；叶光泽佳，叶色翠绿；植株易出芽，繁殖容易。花瓣质厚，白绿色；唇瓣为大如意舌；花茎出架，可达23厘米，一茎5～10花；花极香。‘荷花素’是很值得培养的建兰品种。

24. ‘十三太保’

建兰素心传统品种。产自福建，栽培历史悠久。花茎直立，花开多达十余朵，壮观大气；花期仲秋；花色乳白绿晕；香味清醇。叶呈半直立状，叶上端下垂后又向上翘起，呈受露型；新老叶皆有指纹印；叶姿独特，神韵非凡，令人神往。

25. ‘小桃红’

金嘴线艺，是建兰线艺基础品种。原产广东，栽培历史悠久。叶片宽大，直立而刚劲，叶缘近尖端处有金色爪线。‘小桃红’是目前栽培最广的建兰线艺品种，也是很多建兰叶艺品种的基础品种，由‘小桃红’变异而来的线艺品种达数十种之多。

26. ‘金丝马尾’

金黄色斑纹叶艺、素心花艺。原产广东，栽培历史悠久，现已有水晶及线艺类变异品种出现。本品种是线艺建兰传统名品中的佼佼者，花白色，素心，极香。

27. ‘蓬莱之花’

虎斑线艺类叶艺。原产我国福建，很早就被引入日本栽培并命名。叶面绿色带有不规则的黄白色虎斑线艺，流光溢彩，美轮美奂。‘蓬莱之花’斑块大，斑艺边缘整齐界限清晰，属后明性艺，新叶斑色不明显，叶片越老斑色越明显，是建兰虎斑艺代表品种。

28. ‘锦旗’

大覆轮线艺类叶艺名品，‘小桃红’线艺进化品种之一。新芽桃红色，芽尖微黄绿色，随着植株生长，叶尾逐渐由淡翠绿变为深绿色，形成完整转覆艺过程。叶片中央为绿色，边缘带有一条明显的黄白色大覆轮，两种艺色对比强烈。原产我国，很早被日本引入栽培并命名。

29. ‘凤’

素心黄绿色叶艺，是由‘金丝马尾’变异而来。新芽呈黄绿中透艺，成株后变为细覆轮黄中透艺，叶色偏黄，叶形娇小，叶片质软而呈半下垂状，叶面绿色带有明显的黄白色斑纹，艺色鲜明。原产我国福建，很早就被日本引入栽培并命名。

30. ‘萨摩锦’

我国台湾建兰线艺名品，早期由台湾输出日本，在日本萨摩地区培育，故名‘萨摩锦’。新芽时期，线艺呈现小绿帽中透艺或中斑缟艺，随着植株生长，青苔斑由叶基部渐渐浮现，至成株时转变为斑缟艺。叶姿中垂，老株叶色泛黄。发芽及开花率佳，花色桃红带复色。花格端正，花形大，为建兰花叶艺双全的基本品种之一。本品种叶片较宽阔，叶艺变化多姿，观叶胜观花，是最常见栽培的建兰叶艺品种之一。

31. ‘铁骨素梅’

建兰素心梅瓣品种。发现于1999年，是‘铁骨素’的变异品种，为建兰中少有的素心梅瓣花艺。其花冰清玉洁，香气清醇，株雅花洁，神韵兼备，因此深受人们的喜爱。近年来在‘铁骨素’中出现了不少变异种，例如‘铁骨白芽’、‘铁骨黄芽’等。秉承‘铁骨素’的习性，‘铁骨素梅’叶片钢铮有力，但‘铁骨素梅’惰花，实为一憾。

32.‘宝岛仙女’

建兰三星蝶奇花，与‘玉雪天香’、‘复兴奇蝶’并列为我国台湾建兰奇花三大名品。其棒心花瓣全变为唇瓣，形成了三唇顶立的奇花。于1975年由我国台湾复兴乡兰农采得，卖与桃园卢竹兰友林金生、吕登旺、李昭雄培养，翌年开出三星奇花，美如仙女，即名为‘宝岛仙女’，后由林盈竹先生申请品种登录。‘宝岛仙女’是目前流传最广、价格最低的建兰三星蝶名品。

33.‘圣火’

传统建兰三星蝶品种，21世纪初发现于四川乐山。外三瓣绿色，外翻；捧瓣异化为唇瓣，两捧形如火炬，彩点密集、艳丽，犹如银河繁星；花朵朝天而开，彩块红、大、密，花出架，是建兰三星蝶优秀品种之一。

34.‘富山奇蝶’

建兰多瓣奇花，1986年于我国台湾省桃园选出。中等叶幅，叶姿弯垂。为花中花，偶有蝶化，层层叠叠，朝天开放，由异化成唇瓣的蝶化花瓣重叠成花中心。花香清淡，花形丰满，花色绚丽，花期较长，是建兰多瓣奇花经典品种之一。

建兰品种

建兰‘四季集圆’

建兰‘吹吹蝶’（王松涛摄影）

建兰‘花旦’（黄志雄摄影）

建兰‘荷王’（郭卫红摄影）

建兰‘甲子荷’（黄志雄摄影）

建兰‘夏皇梅’

建兰‘观音素’

建兰新品梅瓣品种

建兰‘赤诚’

建兰‘玉淑’（黄志雄摄影）

建兰‘紫鸾’（黄志雄摄影）

建兰色花品种

建兰新品梅瓣品种

四、墨 兰

墨兰‘桃姬’

1. ‘桃姬’

墨兰色花代表品种之一。1963年发现于我国台湾省苗栗县山区。花茎桃红色，花亦为桃红色，唇瓣白色有红斑，花色娇嫩可爱。

墨兰‘闽南大梅’（黄志雄摄影）

2. ‘闽南大梅’

1996年发现于福建省南靖县，多次获奖，是墨兰梅瓣中最具代表性的品种之一。主瓣尖端稍向内卷，副瓣为一字肩，花瓣糯厚；蚕蛾捧；舌金花色带有小红色斑点；姿态优美，开品端正，花形非常大气。

墨兰‘富贵红梅’（黄志雄摄影）

3. ‘富贵红梅’

福建下山，花为正格梅瓣。外三瓣细长，瓣尖起兜内扣，富有张力；舌上带鲜艳的红斑块。株形高大威猛，花开气势磅礴。

墨兰‘企黑’

4. ‘企黑’

广东顺德陈村家种的传统名品，在清代就已广泛栽培。叶片刚劲，半直立，顶端尖锐，挺拔有力。‘企黑’是目前最为常见的墨兰栽培品种，价格低廉，抗性强，栽培容易，是墨兰大宗统货之一，远销海内外。

墨兰‘闪电’

5. ‘闪电’

墨兰银白爪线艺名品。由广东传统墨兰品种‘小墨’变异而来，于20世纪末在顺德发现并命名。植株矮小，叶片深绿；尖端部分有银白爪艺，艺色鲜明，其形态似闪电的符号，故名。

墨兰‘红灯高照’（黄志雄摄影）

6. ‘红灯高照’

叶姿优美；花大出架，比例协调；捧瓣带覆轮；舌短圆，下挂不卷；花序排列优美。‘红灯高照’舌上红斑朵朵如一，恰似一串红灯笼，寓意吉祥。

墨兰‘南国水仙’（黄志雄摄影）

7. ‘南国水仙’

墨兰正格水仙瓣代表品种。外三瓣初开时拱抱，盛开后平展微飘恰似青鸟飞翔，姿态优美。捧瓣合抱蕊柱；舌下卷，露出鲜艳的红色大斑块。中宫严谨团和，外三瓣比例协调，有筋骨，十分耐看。至今在同类瓣型中无出其右者，是一个不可多得的好品种。

8. ‘绿杆金梅’

福建平和县下山的墨兰新品绿梗赤金色梅瓣品种。花初开色比较暗，盛开以后色越来越黄。外三瓣细长带尖峰，软兜捧心，大圆舌，端庄美丽。

墨兰‘绿杆金梅’（黄志雄摄影）

9. ‘水晶梅’

墨兰水晶梅瓣名品。外三瓣细长，因含水晶体略显飘皱；中宫合抱严谨，为难得的墨兰双艺品种。

墨兰‘水晶梅’（黄志雄摄影）

10. ‘永辉梅’

墨兰正格长脚梅瓣品种。外三瓣拱抱、内扣、起兜；捧瓣色金黄；龙吞舌上翘，硬而不舒。

墨兰‘永辉梅’（黄志雄摄影）

11. ‘金华山’

墨兰金爪线艺类叶艺品种。原产我国广东顺德，很早就被栽培，并流入日本。叶片宽阔，半下垂，近顶端边缘有一道金黄色的镶边，为金爪线艺，艺色明显。‘金华山’是目前年宵花市主打的国兰种类，因其株形雄伟，花大出架，颇有气势，且花香浓郁，因而深受人们喜爱。

12. ‘初恋’

墨兰色花新品，花黄绿色，唇瓣满布绯红色红晕，色彩娇艳，粉嫩可人。

13. ‘香梅’

株形斜立；捧瓣雄性化明显，合抱；花瓣文飘；舌硬而不舒。‘香梅’是墨兰中的浓香品种，其香味接近建兰。

14. ‘徽州墨’

原产福建漳南山区，清朝初年由茶商引至徽州，故名。叶片半直立，叶质较厚，叶姿磅礴大气，在墨兰中叶姿独具一格，别有风韵。‘徽州墨’也是目前墨兰的大宗统货之一。

15. ‘白墨’

传统栽培的墨兰素心品种。主产广东顺德，在清朝初年即已引入栽培。花茎直立，绿色，大出架；花绿白色；唇瓣雪白，无任何杂色斑。‘白墨’绿梗绿花，花香清雅，花大出架，整体令人赏心悦目。

16. ‘神州奇’

墨兰树形奇花代表品种。相传于1983年从广东粤北山区选育而出。植株高大威猛，花开如玉树一般，层层叠叠，辉煌壮观。

17. ‘大屯麒麟’

墨兰多舌和多瓣类花艺代表品种。于20世纪70年代采自台湾北部的大屯山区。花茎直立，紫红色；开多瓣多舌的重瓣花，壮观大气。该品种曾多次在各届兰展中斩获大奖。

18. ‘南海梅’

20世纪末在广东南海市兰展上展出并命名。属墨兰中的梅瓣精品，株形较小巧，花品稳定，多次在兰展中获奖。

19. ‘龙凤呈祥’

墨兰中斑线艺代表品种。1957年发现于我国台湾花莲地区。叶片半直立，质较硬，出中斑缟或黄中斑艺，艺色明显。

20. ‘大石门’

墨兰中斑缟线艺代表品种。1927年发现于我国台湾桃源县石门地区。‘大石门’是兰界公认的线艺名品之一，其艺色鲜艳漂亮，人见人爱，并有许多变异品种出现。

21. ‘达摩’

墨兰矮种类叶艺品种。1973年发现于我国台湾花莲县瑞穗山区。植株矮小，叶片厚硬，表面起皱或有行龙，艺向丰富。‘达摩’是台湾矮种墨兰中最著名的代表品种，已从中选育出十分丰富的线艺品种。

22. ‘瑞玉’

墨兰白斑缟艺品种。1930年发现于我国台湾花莲县山区。本品艺色清晰，如宝如玉，艺色丰富，已从中选育出很多变异品种。

23.‘万代福’

墨兰斑缟中透艺代表品种。1972年发现于我国台湾花莲县玉里。本品是台湾线艺墨兰的代表品种之一，已从中选育出很多新优品种。

24.‘大红梅’

墨兰红花梅瓣名品。花色红艳；外三瓣内扣起兜，富有张力；半硬花捧黄绿色；五瓣分窠；唇瓣细窄，向后翻卷，上有一鲜艳红色斑块；骨力佳，花开久不变形。

25.‘德兴梅’

产于福建漳州南靖县。外三瓣细长，瓣尖有峰，微起兜；龙吞舌；中宫合抱；花形端正。花茎高挑，可达1米多，亭亭玉立，大气磅礴。

26.‘古兜梅’

于江门新会古兜山中选出，是墨兰新老种梅瓣名品。外三瓣细长，瓣端起兜内扣；中宫严谨；龙吞舌硬而不舒。花品端正，花大出架，开品稳定，花浓香。

27.‘红唇梅’

福建产墨兰新花梅瓣品种。花形多变，有时开梅瓣或荷形水仙瓣。外三瓣略飘；方缺舌，舌上带大红斑，恰似美女朱唇；香气甚佳。

28.‘安康梅’

2000年，于福建漳州南靖县选出，为墨兰新花梅瓣品种。外三瓣圆头、端正，起兜内扣；双捧起兜，色金黄；龙吞舌上翘不卷。曾获2002年福州海峡杯兰花博览会银奖。

五、寒　兰

寒兰‘丰雪’（郭卫红摄影）

1.‘丰雪’

20世纪70年代产于我国台湾省，素心寒兰传统名品。花色洁白，开久后变鹅黄色，有半透明玉质感，一字肩，大卷舌。叶斜立，新芽呈黄色斑艺，随着植株生长而逐渐转绿。

寒兰‘青紫寒兰’

2.‘青紫寒兰’

原产广东、江西、福建等地，约在清代就有栽培。植株中等大小，叶片较软垂；花色具有红、绿两色，因而得名‘青紫寒兰’。

寒兰‘东坡砚’

3.‘东坡砚’

大叶寒兰色花新品。外三瓣有淡紫红色细条纹，瓣中心条纹加粗、加深；花开一字肩，骨力甚佳；唇瓣黑色斑块几乎铺满舌面，镶白覆轮，对比强烈，鲜艳夺目，为寒兰中少有的黑舌精品。

4. ‘青寒兰’

原产华南地区，栽培历史悠久，约在清代就有栽培。叶片狭长、翠绿色，花色清雅，唇瓣白色有红斑。

寒兰‘青寒兰’

5. ‘紫寒兰’

原产广东、江西、福建等地，约在清代就有栽培。植株高大；花竹叶瓣，紫红色；唇瓣为大卷舌，白色有紫红斑。

寒兰‘紫寒兰’

6. ‘砚池遗墨’

大叶寒兰绿花黑舌新品。一字肩，骨力甚佳，花格端正，花序舒朗有致；花瓣翠绿清雅；唇瓣上缀墨色斑块，带洁白覆轮，对比强烈，极具观赏价值。

寒兰‘砚池遗墨’（黄志雄摄影）

7. ‘紫莲’

细叶寒兰紫红色花新品。花瓣紫红色；唇瓣洁白，上缀鲜艳红点，色彩对比强烈，清新可爱。

寒兰‘紫莲’（黄志雄摄影）

寒兰‘绿绮’（黄志雄摄影）

8. ‘绿绮’

细叶寒兰新种。花色青绿；一字肩；捧瓣合抱严谨；唇瓣上有浅红色斑点，富有神韵。

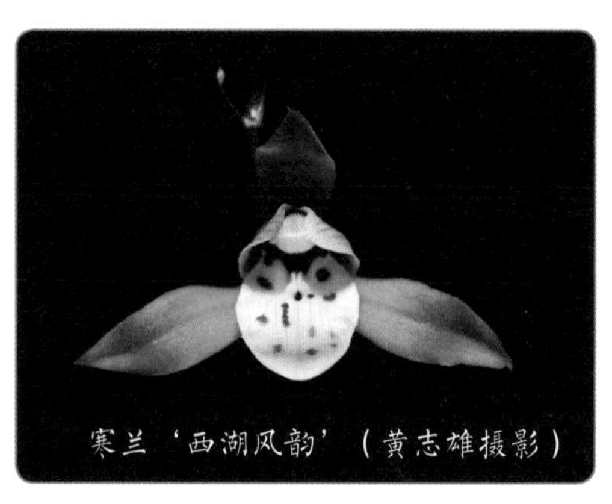
寒兰‘西湖风韵’（黄志雄摄影）

9. ‘西湖风韵’

花色翠绿，外三瓣收根放角，大圆舌圆润规整，端庄典雅，文秀大气，为寒兰中少见荷形佳种。

寒兰‘天使’（黄志雄摄影）

10. ‘天使’

细叶寒兰素心新种。花开飞肩，花色翠绿，玉质感强；中宫严谨端正；捧瓣合抱含蓄；大圆舌不卷、纯净，是难得的寒兰素心佳品。

寒兰‘儒仙’（黄志雄摄影）

11. ‘儒仙’

细叶寒兰官种水仙新种。产于福建省南靖县海拔800米的高山金竹村。叶姿优美；花开软捧浅兜；如意舌不卷，舌端起兜；外三瓣起兜内扣。花茎、叶形比例协调，花朵排铃疏朗，大出架，花形朵朵如一。‘儒仙’花形端正，有张力，中宫严谨团和，形神俱佳。

12. ‘皓雪’

细叶寒兰素心新种。五瓣镶白覆轮；小圆舌雪白晶亮，舌上有淡绿色青苔；花开精神有致，令人赏心悦目。

寒兰‘皓雪’

13. ‘金镶玉’

细叶寒兰新种色花。叶蜡黄，红梗黄花；花亮黄色，玉质感，外三瓣有犹如水晶般的白覆轮；雪白舌苔上鲜红的小斑点显得格外醒目。‘金镶玉’为寒兰中稀有的黄色色花新品。

寒兰‘金镶玉’（黄志雄摄影）

14. ‘婧红’

外三瓣带绯红复色，花开一字肩；大圆舌洁白圆润，缀有鲜艳红斑，娇俏可人。

寒兰‘婧红’（黄志雄摄影）

15. ‘绝尘’

寒兰素心新种。花瓣绿底带紫条纹，色泽沉重；中宫合抱，严谨端庄；唇瓣阔大，晶莹如玉，一尘不染；花开平肩；花序舒朗有致，飘飘欲仙。

寒兰‘绝尘’（黄志雄摄影）

16. ‘隽逸’

寒兰下山正格绿花。花色翠绿清丽；捧瓣合抱蕊柱，覆轮明显；唇瓣阔大，下挂不卷；花形端正；骨力佳，花开30天不变形。

17. ‘无尘’

寒兰复色素心新种。花瓣带黄红交错的条纹；花捧合抱蕊柱，含蓄典雅；唇瓣素净不卷，颇具气势。

18. ‘寒香梅’

21世纪初，由建兰与寒兰人工杂交培育而成。花瓣特厚，舌小而硬，花形、花色均与建兰相似，叶形及花期与寒兰相同，为寒兰中少有的正格梅瓣品种。

六、春 剑

春剑‘感恩荷’（杨开摄影）

1. ‘感恩荷’

春剑红花荷瓣名品，2008年首次复花，是目前春剑荷瓣花中最受欢迎的一个品种。叶鱼肚形、直立。花开鲜艳的红色，每茎着花2～4朵；外三瓣收根放角，拱抱有力；罄口捧；舌端正大气。花形紧凑，张弛有度，形色皆优。

春剑‘红霞素’（沈荣海摄影）

2. ‘红霞素’

春剑花叶艺双全代表品种，曾获第六届大理国际兰花博览会金奖。叶为先明缟艺，花为红色荷形素花，是集叶艺、素心、色花为一体的多艺精品。

3. ‘桃园三结义’

1992年12月下山于四川省大凉山，又称‘蕊王’、‘王三星’，春剑三心蝶代表品种。叶直立，中心叶常有蝶化现象。外三瓣呈三角形均匀分布；两捧瓣全部蝶化，蝶化程度高，与唇瓣同形，均匀地围绕捧心。该花曾在1999年第九届中国无锡兰博会上荣获金奖；2007年第十七届中国武汉兰博会上荣获特金奖，在兰界享有极高的赞誉。

春剑‘桃园三结义’（沈荣海摄影）

4. ‘隆昌素’

春剑素心代表品种。栽培历史悠久，久负盛名，在清朝末期就已有记载。花外三瓣玉质，白绿色，晶莹无瑕；捧心和唇瓣白底透嫩黄，幽香馥郁，浓而不浊。1988年9月在广州举办的中国首届兰博会上四川送展的‘隆昌素’获金奖。

5. ‘银杆素’

又称‘宫廷银杆素’，春剑素心代表品种，20世纪20年代初发现于四川大邑县白岩子一带。因其花茎、苞衣均洁白透明如玉质，故而得名。本品种被列为“川兰四大名花”之首，曾多次在全国及地方兰展中荣获大奖。

6. ‘大红朱砂’

春剑色花传统名品，与‘银杆素’、‘隆昌素’、‘牙黄素’并称“川兰四大名花”。20世纪中期，从四川彭州市山区选育而出。叶姿挺拔，花色艳丽，香味纯正，为四川色花最具代表品种。

7. ‘西蜀道光’

春剑黄色素心代表名品。20世纪20年代初在青城山选育而出，由徐铁强栽培，故又称为‘徐家牙黄素’。本品种被四川都江堰市编入史志而名垂青史，被誉为“天下第一牙黄”。其花容端庄，外三瓣厚实；嫩黄玉捧心，纯黄晶莹；唇瓣清净无瑕，是国兰中的稀世珍品。

8. ‘春剑大富贵’

为春兰‘大富贵’与春剑的人工杂交品种。本品种既具有春兰‘大富贵’的花形，也具备了春剑一茎多花的特性。生性强健，栽培容易，一茎多花，非常大气，花叶比例协调，幽香阵阵，颇有韵味，是比较成功的一个人工杂交品种。

9. ‘奥迪牡丹王’

春剑多瓣类奇花代表品种。产于四川什邡的一个小乡村，2004年被发现，以奥迪汽车命名，以示高贵。开多瓣奇花，花瓣重重叠叠而状似牡丹，雍容华贵，典雅大气。

七、莲瓣兰

莲瓣兰‘点苍梅’（杨开摄影）

1. ‘点苍梅’

1992年产于红河源头巍山，由大理著名兰家李映龙命名。莲瓣兰梅形水仙瓣代表品种，因外三瓣基部较长，又名‘长脚梅’。花瓣圆润起；捧瓣合抱，前端起浅兜，质糯细腻；花容端庄雅丽，色彩鲜艳，刚柔相济，不落凡俗，为莲瓣兰珍品。

莲瓣兰‘荷之冠’（杨开摄影）

2. ‘荷之冠’

株形雄壮伟岸，气势恢宏；每茎常着花3～6朵；花色艳丽，花姿高贵典雅；主、副瓣圆阔，收根、紧边，前段起兜有尖，粉色底板起红筋；捧瓣微张；舌为大圆舌，上面红斑鲜艳夺目。花叶搭配和谐典雅，气宇轩昂，大气磅礴，为莲瓣兰荷瓣花珍品。

莲瓣兰‘心心相印’（杨开摄影）

3. ‘心心相印’

1997年发现于怒江流域的坝下山，又有‘观音献宝’、‘财神献宝’和‘宝钗’的美名。叶片飘逸潇洒，每茎开花2～5朵，花大出架，尤其是唇瓣上鲜艳的心形紫红色斑块极为绚丽夺目，人见人爱。

莲瓣兰‘金沙树菊’（杨开摄影）

4.‘金沙树菊’

莲瓣兰树形多瓣奇花代表品种。多分枝，苞片花瓣状；主花花瓣多，菊形瓣，有些花瓣异化为蝶瓣，瓣端有明显的淡黄色花粉块。花色粉白，为十分珍稀的树形、多瓣品种，观赏价值极高。

莲瓣兰‘剑阳蝶’（黄志雄摄影）

5.‘剑阳蝶’

20世纪90年代初发现于大理剑川县老君山，由兰界泰斗吴应祥教授命名。莲瓣兰正格副瓣蝶花，是莲瓣兰蝶花代表品种之一，在兰界有极高的知名度。蝶化面积大，彩斑鲜艳，对比度强烈；每茎常着花2～5朵，花开犹如彩蝶飞舞，令人赏心悦目。

莲瓣兰‘小雪素’

6.‘小雪素’

外三瓣带绯红复色，花开一字肩；大圆舌洁白圆润，缀有鲜艳红斑，娇俏可人。

莲瓣兰‘大雪素’

7.‘大雪素’

莲瓣兰素心代表品种，因其叶片宽大，花色洁白如雪而得名。相传在云南景东县无量山发现，早在明朝期间就有栽培，是莲瓣兰的代表品种。‘大雪素’叶姿优美、潇洒，花色洁白清雅，幽香袭人；一茎开花3～5朵，高出叶架，恰似白鹤翱翔于森林之上，飘飘欲仙。

莲瓣兰‘云熙荷’（杨升摄影）

8.‘云熙荷’

产自云南保山的莲瓣兰高端荷瓣精品，曾在2008年大理国际兰展中荣获金奖。花形特大，花瓣厚而质糯，收根放角，雍容大度，气宇轩昂，中宫紧凑，花色清丽，花守极好，为正格荷瓣，是莲瓣兰荷瓣中的极品。

9.‘出水芙蓉’

产于云南保山施甸县境内，2006年首次复花。莲瓣兰斜立叶荷瓣花代表品种。外三瓣肥厚宽阔，收根放角；捧瓣抱合工整；唇瓣阔大，如意圆舌，舌上红斑鲜艳夺目。花瓣桃红色，花容灵秀动人，株形挺拔俊秀，洒脱飘逸，为花叶俱佳之名品。

10.‘永怀素’

产于云南怒江凤凰山上，由大理著名兰家王永怀选育，为正格梅形荷瓣白花莲瓣素，为莲瓣兰素花中的极品。‘永怀素’叶形健壮，花容优美，花色迷人，独具韵味，是莲瓣兰中的稀世珍品。

11.‘玉堂春’

莲瓣兰飘门水仙瓣新种，产于金沙江河谷、大姚县一带，2003年首次复花。外三瓣短圆阔大，瓣尖有缺刻，瓣端带红点，花色糯润娇俏，美丽动人。

12.‘滇梅’

莲瓣兰梅瓣代表品种，“五朵金花”之一，又称‘包草’、‘盖世梅’。‘滇梅’叶片细狭卷曲，叶质厚硬，原产于滇西三江流域大峡谷，获第十四届中国兰花博览会特别金奖。一般每茎着花2～3朵，花瓣厚实，花品端正，色彩艳丽，人见人爱，为莲瓣兰中不可多得之珍品。

13.‘黄金海岸’

莲瓣兰多舌类奇花代表品种。产于云南西北部，1991年选育而出。此花在唇瓣下生出数朵较小的微型唇瓣，犹如系上了彩花领结，故又称为‘领带花’。‘黄金海岸’气味幽香怡人，色彩丰富，形态端庄大方，是莲瓣兰中的稀有珍奇品种。

14.‘苍山奇蝶’

莲瓣兰多舌类奇蝶花代表品种。20世纪90年代中期发现于云南大理的云龙县古镇旧州。此花花形多变，花瓣数及蝶化程度不同，稳定性较差。本品与‘剑阳蝶’合称为莲瓣兰的“蝶花双璧”。

第四章 花圃育兰
——兰花的栽培管理

一、栽培场所、设施

（一）温室

兰花喜欢温暖湿润的气候条件，既要求有一定的空气湿度，又要求环境通风透气。由于大部分兰花原生于山野林下，要求半阴的光照环境，因此在进行人工栽培时，必须营建温室等设施以保证能够调控兰花生长所需的光照、温度、湿度等各项环境条件。

连栋温室

日光温室

连栋温室

国兰现代化栽培温室

国兰现代化栽培温室

兰花栽培温室常见的有日光温室及连栋温室两种类型。日光温室造价低，冬季采光、保温性能良好，维护及运营成本低，比较适合北方地区小规模的兰花栽培使用；缺点是温室的土地利用率较低，不利于机械化、自动化操作。连栋温室的优点是可以模拟兰花原生境的各项条件对温室环境进行综合调控，由电脑按照预先设定的各项参数进行智能控制，温室内环境较稳定，土地利用率高，便于机械化操作，由连栋温室生产出的兰花质量较高；缺点是投资较大、运营成本较高，对温室管理人员的素质要求较高。

（二）阴棚

阴棚是为兰花生长提供遮阳的户外栽培设施，其形式是设立支柱和横档，支柱固定于地面之上，四周开敞，只在上方搭设遮阳网等设备进行遮阳、降温。阴棚的作用，一是在夏秋光强、高温季节，进行室外遮阳栽培；二是在早春和晚秋霜冻季节对兰花起到一定的保护作用，使兰花

阴棚栽培

阴棚栽培

江苏地区庭院利用阴棚栽培国兰

免受霜冻的危害。阴棚一般适用于南方湿度较大、冬季无低温冻害发生的地区，目前是福建、广东、云南等地栽培兰花最常用的设施。北方地区由于夏秋时节风大干燥，兰花植株周边的湿度很难保证，故一般不适合室外阴棚栽培。此外，一些夏季花芽分化需要低温处理的兰花种类，如大花蕙兰高山越夏时，需要阴棚作为其栽培设施。

（三）阳台

阳台是兰花爱好者的养兰场所，其特点是风大、光照强、湿度较低、温度变化剧烈。阳台环境与兰花的原生境环境差异较大，栽培难度高。因此，阳台环境要做适当的改造处理，尽可能营造适合兰花生长的环境。

北方地区，阳台最好是封闭的。在阳台上养兰前，阳台地面应预先做好防水、排水处理。在阳台上设置的兰架，常为不锈钢镀锌钢管焊接而成，其高度及长、宽度可根据阳台的形状自行定制。安装落地窗的阳台，因采光较佳，可设置双层兰架，每层间应设置隔板，防止上层兰花浇水时淋洒到下层。隔板间距根据实际高度调节。

广东地区开放式的阳台养兰

阳台上养兰要考虑其承重性能，以安全为主，尽量选用质轻、保水性较好的塑料盆，少选用笨重、易干燥的泥瓦盆，基质也尽可能地选择容重小的软植料。

阳台夏秋季节光照过强，设置密度适宜的苇帘或竹帘可以有效降低阳台温度，防止日灼的发生。若湿度较低，可以加设加湿器或向地面洒水，以增加空气湿度。在北方地区，冬季阳台应做好防护工作，防止冻伤；有暖气的阳台，应降低温度，防止一些冬季需要低温春化处理的春兰、蕙兰等因高温导致花蕾败育。

二、花盆与基质

（一）花盆

栽培兰花可选用的盆具较多，可以根据其特性及栽培、布置场所进行合理的搭配。一般来说，国兰类可选择的盆具有瓦盆、瓷盆、釉盆、紫砂盆以及塑料盆等。洋兰类如大花蕙兰、卡特兰等体量较大，为防止头重脚轻，生产上主要采用黑色硬质塑料盆；蝴蝶兰、文心兰、石斛兰等，则主要采用白色的塑料营养钵进行栽培，这样有利于气生根系进行光合作用，提高植株品质。洋兰类在市场销售时，为了美观，常更换成瓷盆或釉盆等。

1. 瓦盆

瓦盆是最原始、也是最普通的花盆，是由黏土制坯，经过高温煅烧所制成，常见的有红色及青色两种。青色瓦盆在烧制过程中比红色瓦盆多了一道淋水工序，使其中的铁元素以低价铁的形式存在，因此呈青黑色。其制作难度较大，成品率低，价格较高，但相对红色瓦盆来说，更结实耐用。青色瓦盆是江浙地区最常用的传统培育兰花的盆具，其青黑色的质地较为厚重古朴，更能衬托出兰花的优雅端庄。

瓦盆的优点是透气性强，排水良好，基质的干湿度可以从盆壁上直接看出，容易把握，最适合初学者或老弱苗的养护，可以弥补栽培技术上的不足。缺点是表面粗糙，不美观，质地笨重，不利于搬运；用于阳台栽培时，对阳台承重要求较高。此外，因其透气性过强，因此不适合用于湿度低的环境，否则将大大增加浇水的工作量，造成水资源浪费。

用瓦盆栽培国兰

青色瓦盆

2. 瓷盆

瓷盆造型奇特，质地细腻精致，常绘有精美的图案，外观高端典雅，尤其适合兰展、高档场所摆放以及市场销售之用。瓷盆虽观赏性极佳，但透气性较差，而兰科植物多为肉质根系，对基质及盆具透气性能要求较高，故一般瓷盆只做室内摆放时使用，或用作兰展时的套盆装饰用。

瓷盆一般在布展时使用

3. 紫砂盆

紫砂盆基本全部产于江苏宜兴，具有悠久的制作历史，其泥质稀贵，色泽雅致，造型丰富，制作技艺精湛，是中华民族优秀的传统工艺结晶，本身就具有极高的欣赏价值及收藏价值。紫砂盆类型繁多，色泽古朴典雅，一般都有绘画或文字雕刻，极富文化气息，质地细腻，结实耐用，保水透气性能良好；但造价较高，适合家庭欣赏或市场销售时使用。

用紫砂盆栽培国兰

采用紫砂盆栽培国兰，古色古香，更能彰显其“王者之香”的气质。近年来，明、清时期至新中国成立初期制造的兰花紫砂盆，已成为一收藏热点，受到广大兰友的追捧。

4. 塑料盆

塑料盆的优点是轻便、廉价、耐腐蚀、便于消毒及重复使用；缺点是透气性较差、易老化，质量较差的塑料盆还会挥发有害气体，对兰花根系及植株造成伤害。目前洋兰产业化栽培多采用黑色的硬质塑料盆；对于一些气生根呈绿色的洋兰类如蝴蝶兰等，为增加其光合作用面积，一般采用白色的软质营养钵进行栽培。国兰类使用塑料盆配合透气性好的颗粒植料，则比较适合放置在阳台上进行栽培，以减轻阳台的承重负荷。

产业化生产中多采用黑色塑料盆以降低成本

（二）基质

兰花的根系大部分为肉质根，整体要求基质疏松透气、富有养分，浇水后能迅速排出，达到润而不湿的状态。洋兰类因其大部分为附生兰，在原生境根系多裸露在空气中，对基质透气性要求更高，因此，生产上一般采用水苔、松树树皮或椰壳作为栽培基质；国兰类等一些地生兰，则适宜采用颗粒植料或软植料进行栽培。有机植料，必须经过充分腐熟发酵后才能使用，而一些煅烧形成的颗粒植料则必须经过清水浸泡一段时间，去除其燥性（“火气”）后方能使用。常用于国兰类的颗粒植料有植金石、仙土、树皮、陶粒、珍珠岩、塘基兰石、浮石、砾石、花生壳、蛇木等；常用的软植料有草炭、腐殖土等。

1. 水苔

水苔大多分布于温带和寒带地区，生长于林中岩石峭壁上或溪边泉水旁。水苔是附生类洋兰最常采用的栽培基质之一，尤其适合于组培苗出瓶后的驯化培育。学者通过研究发现，水苔的茎表皮及叶片均由中空的细胞构成，其单层细胞呈网状分布，细胞死亡后，能贮藏大量的水分，而木质化的圈状细胞形成空腔维持其原本形态，这种独特的结构使得水苔当作基质时

智利水苔

水苔是蝴蝶兰生产中最常使用的栽培基质

通气性和保水性良好。水苔不仅具有良好的吸水性、透气性及保水性，而且品质好的水苔干净、杂质少、不带病菌和虫卵，当水肥充足、温度适宜时，20天左右就能诱导兰花长出新根，且兰花根系在水苔中生长快。

目前市场上常见的水苔有国产水苔及进口水苔（新西兰水苔、智利水苔）两大类。与国产水苔相比，进口水苔的纤维更长，保水透气性能更佳，所含杂质及病虫害少，使用前不需灭菌处理，但售价较高。水苔良好的理化性能深受兰花栽培者的喜爱，是栽培洋兰组培苗及蝴蝶兰、文心兰、石斛兰等的主要栽培基质。随着兰花产业的发展，对水苔的需求量逐渐增加，由于自然界中水苔的分布区域有限，加上水苔的人工产业化种植进程缓慢，目前仍以采集野生水苔为主，导致水苔的产量及品质不断下降，新西兰已严格控制水苔的出口量。

在使用水苔作为栽培基质时，应注意以下事项。

①水苔是干燥的，不易吸水，使用前，必须在水里浸泡3～5小时，待其充分吸水后，再挤压去除过多水分，然后才能用于栽培植物。水苔随用随泡，浸泡时间不宜过长，否则会引起腐烂变质。

②水苔使用前进行灭菌处理时，不能采用热处理（蒸汽消毒）的方式，否则会导致水苔加速腐败。可采用多菌灵、百菌清等药剂进行浸泡消毒处理。水苔在存放时，应尽量保持环境的干燥清洁。

③水苔长期处于潮湿环境下很容易长出绿藻，这是因为兰株根系新陈代谢过程中产生的废弃物导致水苔腐败，致使滋生杂菌和藻类。水苔腐败后会形成浓度较高的有机酸，会对兰株根系造成伤害。因此，一般水苔只能使用一年左右，若发现水苔表面变得黏糊，颜色发绿、发黑时，就应及时更换水苔。

水苔表面滋生青苔

④用水苔栽培的兰株不能使用有机肥作为肥料。因为采用有机肥施入水苔，会导致微生物的大量繁殖，微生物的活动会加速水苔的腐败速度。

⑤采用水苔作为栽培基质上盆时，水苔挤压的松紧程度会直接影响其透气性能。一般来说，松散的水苔，因其空隙较大，水分散失较快，浇水宜勤；较紧实的水苔，空隙较小，水分散失慢，应适当延长浇水时间间隔。

⑥水苔虽然具有良好的排水透气性能，但其空隙结构能够储存大量的水分，因此需加强水分管理，注意控制水苔湿度，日常管理时以偏干为主。

水苔铺在盆面用于保湿

松树树皮是大花蕙兰产业化生产中最常使用的基质

2. 树皮

树皮是加工木材时产生的有机废弃物。在盛产木材的地方，如加拿大、美国等地，常用其来代替泥炭作为无土栽培的基质。在美国，用美国花旗松树皮和海滩红杉树皮作为兰花的栽培基质已有50多年的历史。一般作为基质使用的树皮大部分为松树树皮和阔叶树树皮，但由于运输费用使基质成本增加，所以人们常常使用当地树种的树皮资源。

树皮基质的特点是重量轻，有机质含量高，保水性较好，透气性强，具有较高的阳离子交换量。松树树皮来源广泛，结构坚固，性状稳定，可以长时间保持基质优良的理化性状，具有较强的保水、持肥能力，树皮块间的空隙又有利于排水和通气，非常适宜兰科植物的生长，且较其他基质耐用，可持续使用3～4年。因此考虑到生产成本和栽培效果，目前国内外洋兰类栽培主要以松树树皮做基质。不同产地的松树树皮性状差异较大，一般来说南方地区的松树树皮较薄，多呈片状，使用寿命短；北方地区的松树树皮较厚，呈块状，使用寿命较长。由于松树树皮在干燥的条件下疏水性很强，因此，在栽培前应将其浸入清水中浸泡一周以上，每隔两天换一次水，使其充分吸水。在栽培过程中务必保持树皮处于湿润状态，不能完全干透，否则一次干透后，除非浸盆，不然后期很难再次浇透。

松树树皮

松树树皮中的松脂类物质会对大花蕙兰根系的生长产生不利的影响；而且块较大的树皮持水能力较差，应根据不同的苗龄，采用相应规格的树皮及营养钵；此外，在使用松树树皮作为栽培基质时，要注意保持基质湿润。

松树树皮是优良的栽培基质，但新鲜的树皮不宜直接用于栽培植物，必须经充分堆制发酵后才能使用，主要原因有以下几点。

①新鲜的松树树皮的 C/N比值过高。树皮的C/N比值都较高，如果直接以C/N比值较高的新鲜松树树皮作为栽培基质，植株根系内及基质中的微生物由于生命活动的需要，会消耗基质中的氮素以完成自身

树皮发酵不彻底，滋生杂菌

树皮发酵不彻底，滋生杂菌

树皮发酵不彻底，滋生杂菌

的新陈代谢，与兰株争夺氮素营养，造成植株缺氮，阻碍叶绿素的形成，影响光合作用积累营养。

②新鲜松树树皮不易吸收水分。新鲜的松树树皮中含有较多的蜡树脂，不利于吸水，造成树皮疏水，不易湿润；另外树皮颗粒没有太多的毛细作用，不容易将水分从花盆的底部传输到表面，在开始的几周里会造成缺水逆境，导致植株生长缓慢。

③新鲜松树树皮含有有害物质。松树树皮中含有较多的单宁、酚类和某些有机

松树树皮蒸汽脱脂

松树树皮发酵处理

酸，这些有毒害作用的物质会直接伤害兰株根系。很多研究表明单宁对微生物（丝状真菌、酵母、细菌、病毒）具有光谱抗性，其主要抗菌机理包括：与微生物的原生质体结合、与金属离子络合、抑制酶活性、影响细胞膜的透性、降低微生物对营养物的利用、改变环境pH值、影响微生物附着或侵染等。而兰科植物恰恰需要侵入其根系内部的共生真菌获取无机盐和有机化合物，因此用未经腐熟发酵的松树树皮作为栽培基质，会对兰株的生长产生不利影响。

④新鲜松树树皮的理化性质不稳定。在直接作为栽培基质使用时，会由于树皮表面微生物的活动而破坏树皮原有的物理结构，在物理性状上表现出基质结构变差、通气不良、持水过盛等现象，这将导致兰株根系腐烂和植物生长不良。而腐熟后的松树树皮降解速度变

慢，将减少对植株的不良影响。

3. 椰壳

椰壳类基质在许多热带和亚热带国家都有生产，如印度、斯里兰卡、马来西亚、菲律宾等。目前国内市场上能见到的椰壳类基质主要有“欧勃亚”、“格陆谷”、“沃松”3个品牌。椰壳类基质是椰子加工时的副产物之一，其具有保温、保湿、疏松透气、耐腐烂、使用寿命长等特性。根据椰壳粉碎的颗粒大小可以分为椰糠及椰块两大类，椰糠呈纤维状，可以代替草炭用于兰花的栽培；椰块呈颗粒状，理化性质类似树皮。研究表明椰壳类基质的pH值为5.5～6.0，容重0.10～0.25克/cm^3，孔隙度大于80%，木质纤维素含量在40%以上，因此结构更为稳定。腐熟后的椰壳透气性良好，其海绵般的空隙结构吸水迅速，能容纳自身10倍以上体积的水分；另外椰壳的表面不存在疏水性的蜡质，具有较强的保水能力，能够在干燥的条件下迅速吸水。

在使用椰壳作为栽培基质时，有以下几点注意事项。

①新鲜椰糠的C/N比值较高；与新鲜的松树树皮一样，新鲜的椰壳类基质中含有对植物有害的酚类物质，必须通过腐熟发酵后才能使用。

②椰壳类基质的毛细作用较差，下层的水分不易输送到表层，会形成基质表层干燥而下层湿润的情况，若浇水不当会造成渍水烂根。

③由于椰树生长于海边，椰壳内积累的盐分较高，必须经过脱盐处理后才能用于兰花的栽培，否则将对兰株根系造成严重的伤害。

④椰壳类基质由于木质纤维素含量较高，几乎不含养分，在栽培过程中必须加

椰糠

椰块

椰壳混合栽培基质栽培国兰

椰糠覆盖盆面用于保湿

强水肥管理，否则植株会纤细衰弱。

⑤椰壳类基质的容重较小，对根系的附着作用较差，在栽培体量较大的兰株时，必须注意设立支架，固定兰株，防止倒伏。

⑥椰壳类基质一般采用压缩包装，在使用前，需用水浸泡3小时左右，在其充分吸水膨胀后才可使用。

4. 植金石

植金石产于日本，其色泽蜡黄，表面粗糙多孔，结构疏松，质地较轻，吸水迅速，排水透气性能极佳，是目前最为优秀的颗粒植料。植金石在干燥条件下呈黄白色，吸水后呈蜡黄色，因此可以指示盆内基质湿度状况。植金石清洁，几乎不含养分，栽培兰株不易发生病害，比较适合初学者使用。由于植金石是在高温条件下煅烧而成，因此不含细菌，可以不经消毒处理，但为了消除其煅烧过程中残留的“火气”，在使用之前，植金石也需经清水浸泡处理5天以上，每天换水，使其性平静温和。植金石是最主要的国兰颗粒植料之一，目前国兰栽培常采用的颗粒植料配方通常为：仙土、松树树皮、植金石各占三分之一，外加少量蛇木。

5. 仙土

仙土主产于四川峨眉地区，主要有“峨眉仙土”及“荷王仙土”两个品牌。仙土是森林中的落叶腐殖土经数年沉积腐化而成，呈颗粒状，质地坚硬，是纯天然的富含腐殖质的优质植料。仙土容重较大，富含养分，保水透气性能良好，结构较稳定，长期处于湿润状态也能保持颗粒结构，是目前颗粒植料最主要的用材之一。仙土在完全干燥的条件下，很难吸水，因此在使用前，必须用清水浸泡一周以上，使其充分浸水，否则上盆后很难完全湿透。

6. 陶粒

陶粒，顾名思义，就是陶质的颗粒。陶粒的外观特征大部分呈不规则的圆形或椭圆形。陶粒的表面是一层坚硬的外壳，呈陶质或釉质，不易破碎，内部呈蜂窝状，富含空气，质地较轻，能浮于水面之上。陶粒透气性能良好，但由于其颗粒较大，毛细作用较弱，表层致密，导致其吸水很慢而排水极快，因此其保水性能较差，将其用作兰花的栽培基质时，应注意浇水。

混合有陶粒的栽培基质

7. 珍珠岩

园艺珍珠岩是由一种酸性火山玻璃质熔岩经破碎、煅烧、膨胀而形成。珍珠岩颗粒内部呈蜂窝状，能够贮存大量的气体及水分，保水透气性能良好，其多孔性结构可以为植物根系的生长发育提供良好的气水比例。珍珠岩常用于国兰等一些地生兰类的栽培，因其容重较小，对植物根系固定作用较差，所以一般配合草炭等有机植料使用。由于珍珠岩浇水后常会漂浮于盆面之上，造成基质分层，以致基质上部过干而下部潮湿；若在基质中珍珠岩比例过大，会使植株根系处于过于疏松的环境，植株根系不能与基质贴合紧密，会造成兰株根系瘦长，植株抗性降低。此外，珍珠岩粉尘污染较大，并对呼吸道有刺激作用，取用时须戴口罩，做好防护，使用前最好先用水喷湿，以免粉尘飞扬。

8. 塘基兰石

塘基兰石与陶粒类似，是以天然黏土为原料，制成颗粒后，经高温烧制而成，色白或黄，具透气保水、清洁无菌等特点，其价格低廉，可以代替植金石。塘基兰石质密坚硬，不利于兰根的伸长，栽培中应适当添加蛇木等植料，形成空隙，便于兰根生长。此外，由于塘基兰石不含养分，透气性较强，保肥性能较差，栽培中应加强水肥管理。

红色与白色的塘基兰石

9. 浮石

浮石又称轻石，是一种疏松多孔、可以漂浮在水面之上的灰白色火山岩。浮石的理化性质与珍珠岩相似，其使用方法及栽培注意事项参照珍珠岩。

10. 砾石

砾石的主要来源是河边经过长期冲刷的石子或石矿场多次分筛后的岩石碎屑。砾石作为栽培基质，来源广泛，价格低廉，但由于砾石容重较大，会给搬运、消毒及更换等管理工作带来很大的不便。砾石是目前南方地区如福建、广东等地国兰栽培企业最常使用的栽培基质。需要注意的是，砾石棱角不能太锋利，否则会使兰株根系受到伤害；此外，使用砾石栽培兰花时应全年注意遮阴工作，防止阳光照射砾石，导致兰盆表面辐射热过高而使植株受损。在用砾石栽培兰花时，由于其几乎不含任何养分，因此在管理过程中应加强水肥管理，避免兰株缺乏营养。

用砾石栽培国兰

南方地区主要以砾石混合花生壳作为国兰栽培基质

11. 花生壳

花生壳是榨油厂等的废弃物。腐熟后的花生壳营养丰富，能够不断地给兰株提供有机养分，具有较好的保水透气性能，可以较长时间保持湿润状态，

花生壳

有效地调节基质中水、肥、气的供需矛盾，非常适合兰科植物的栽培。花生壳与砾石混合或单独作为基质都是福建、广东等地最常见的国兰栽培形式。

12. 蛇木

蛇木是蕨类植物桫椤的气生根，黑色硬质，呈线形，木质纤维素含量较高，耐久性强，几乎不含养分。在国兰栽培中，由于颗粒植料相互填充，会导致兰株根系生长受阻，而蛇木长条状的结构可以架空植料，形成便于兰根穿梭的缝隙。蛇木成本较高，一般使用量占混合植料总量的10%以下。

蛇木板

蛇木屑混合刺栎树叶是云南地区栽培莲瓣兰最常使用的植料配比方式

在洋兰栽培中，常将其气生根包裹水苔后，绑缚在蛇木板上，以模拟自然界中的兰花原生境环境；这种栽培方式从观赏的角度看也别有一番风味。在湿度较大的地区也可直接将兰株根系裸露在空气中，引导气生根攀附在蛇木板上。由于蛇木板保水性能较差，采用蛇木板栽培时尤其要注意经常喷水保湿。

13. 草炭

草炭也称泥炭，是沼泽中死亡的一些苔藓、芦苇、莎草科植物残体不断积累转化形成的天然有机物质。一般国产东北草炭价格低廉，分解程度较高，养分充足，但吸水、透气性较差。进口草炭主要是由泥炭藓属植物残体组成，分解程度低，吸水、透气性较好，养分较

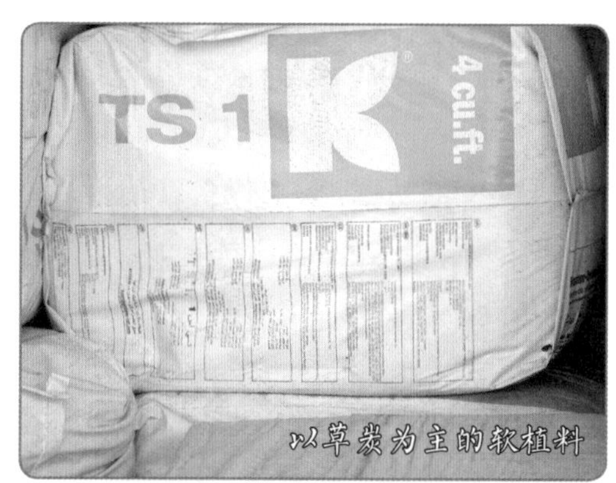

以草炭为主的软植料

以草炭为主的软植料

少，是目前国兰栽培中最常使用的有机植料种类。

草炭结构稳定，通气透水性能良好，酸度和营养含量低。草炭和珍珠岩、蛭石或树皮等的混合物更是兰科植物，尤其是地生兰类最常用的基质配方。需要注意的是草炭一旦干透，就很难完全再次湿润，因此要注意水分管理。目前常用的栽培国兰的基质配方为珍珠岩（30%）+松树树皮（20%）+草炭（50%）或珍珠岩（30%）+松树树皮（30%）+草炭（40%）。

14. 腐殖土

腐殖土又称腐叶土，是森林中树木的枯枝残叶经过长期腐烂发酵后而形成的、富含有机物的疏松壤土。腐殖土的优点包括质轻、疏松、透水通气性能好，且保水、保肥能力强；空隙较多，长期使用不板结；富含有机质、腐殖酸和少量维生素、生长素、微量元素等，能促进植物生长发育；分解发酵过程中产生的高温能杀死其中的病菌、虫卵和杂草种子等。腐殖土是传统养植国兰最常用的栽培基质，尤其是配合黑色瓦盆使用，效果极佳。

三、环境调节与控制

兰花种类繁多，不同生态类型的兰花生长环境差异较大，没有通用的栽培方法，但都离不开对光照、温度、湿度、养分的调节。要想养好兰花，首先要充分了解其生态特征及生理习性，然后通过调节栽培设施内的光照、温度、湿度等，尽量模拟其原生境的环境。

1. 光照

在自然界中，兰科植物大多生于湿润的溪谷疏林下、富含腐殖质的微酸性土壤中或攀附在郁闭度较高、空气湿度较大的热带雨林大树、岩石之上。兰花在长期的生长进化过程中，逐渐形成了对这些环境的光照适应性，喜半阴的光照环境，忌强光直射。

一般冬春季节，光线较柔和，可以增加光照，以促进兰花养分积累，提高植株抗性；夏秋季节光照强烈，温度较高，必须采取遮阴措施。北方地区遮阴需从春季树木展叶期开始，至秋季叶落时止。不同兰花种类对光照强度的要求不一，例如建兰、蕙兰、大花蕙兰、卡特兰等比较喜光，可以多见光；寒兰、墨兰、春兰、石斛、兜兰、蝴蝶兰等需光量较低，要少见光。此外，不同苗龄的兰株对光照强度的需求也不一样，小苗需要稍弱些的光照环境，但随着植株的生长，光照强度应不断增加。

生产过程中，主要通过架设黑色的遮阳网调节环境的光照强度。遮阳网设上、

利用遮阳网控制光照强度

架设双层遮阳网

智能温室环境监测

下两层，两层间距在50厘米以上，以促进层间空气流动，防止热量积累。一般下层固定，上层则可根据天气情况调节闭合。室内养植的兰花应放置在有明亮散射光的地方；夏秋季节尤其要注意避免强光直射，可采用苇帘或竹帘、纱帘等进行遮阴降温。

2. 温度

不同原产地、不同种类的兰花对温度的要求不同。一些原产于低纬度的热带、亚热带雨林的兰科植物如建兰、墨兰、卡特兰、蝴蝶兰等对温度要求较高，冬季最低温度要在15～18℃以上，否则会有冻害发生；原产于高纬度、有四季分明变化地区的兰科植物如春兰、蕙兰等耐寒力较强，冬季温度需维持在0～10℃，并要求保持这种温度40天以上，温度过高会导致花芽败育或发育不良。

一般来说，兰花最佳生长温度应维持在18～30℃，夏季兰花生长的最高温度不宜超过32℃，否则会导致植株生长不良，易引发各种病虫害。生长季节，昼夜最好有5～8℃的温差，白天温度高有利于养分积累，夜间的低温可以减少养分消耗，促进植株健壮。

3. 湿度

湿度包括空气湿度及基质湿度两大类，通常我们说的湿度特指空气湿度。

兰花原产于山谷之中，常年承受雨露滋润，原生境的空气湿度较高，为70%～90%。相同条件下，湿度适宜的环境中，叶片气孔开张，光合作用旺盛，兰株叶片油亮有神；湿度较低时，兰株为了防止体内水分散失过多，自动关闭气孔，导致光合作用减弱，叶片萎蔫呈脱水状，因此适宜的湿度对于兰花进行光合作用十分重要。空气湿度较低时，可以通过向地面洒水或采用加湿器进行增湿。

兰花根系为肉质根，需要充足的氧气，除了要求采用疏松透气的植料外，对基质湿度要求也十分严格。兰花水分管理整体要求是“见干见湿”，保证兰根能够较长时间处于润而不湿、干而不燥的状态，在两次浇水之间必须让盆土适当偏干，以促进根系生长。大花蕙兰等采用松树树皮进行栽培时基质应适当偏湿管理；而蝴蝶兰等采用水苔栽培时基质应适当偏干管理，防止烂根。

北方地区地下水盐碱含量较高，而兰花根系对可溶性盐敏感，因此需安装净化水设备，并调节水至偏酸性。浇水应选择在天气晴朗的上午进行，傍晚不宜浇水。整体原则是水温与室温尽量一致；入夜前，叶面需干爽，否则容易导致病害发生。夏天在清晨温度较低时进行浇水，中午高温时不宜浇水；冬季在温度较高时浇水，并调节水温略高于室温，以免苗株受损伤。

净化水设备

湿度较高，盆面起青苔

湿度良好的栽培环境

环境湿度过大，盆面长满地衣，影响基质透气性

4. 肥料

自然环境中，地生兰类生长在土层深厚、腐殖质丰富、疏松透气、保水性能良好的微酸性土壤中，上层树木的枯枝落叶源源不断地为兰株提供有机养分。附生兰类则通过发达的气生根截留鸟粪和枯枝落叶供给自身所需的营养。

氮、磷、钾三元素对植物影响最大，其中氮肥主要促进兰株的营养生长，根据氮素存在形式的不同，又可分为硝态氮肥及氨态氮肥两类。磷肥主要促进花芽分化及根系的生长，用于花芽分化期催花或换盆后促根处理。钾肥主要是促进花芽和果实的发育，有利于提高植株抗性和开花品质。

盆栽兰花在生长季节宜薄肥勤施，并且在不同的生长发育时期选用不同的肥料种类，按照兰株的生长状态及天气情况合理施肥。一般来说，小苗可用高氮肥，但浓度宜淡，以免造成肥害；大苗用平衡肥或高磷钾肥以促进植株生长健壮和花芽分化，浓度可稍高些；进入秋末应减少氮肥使用，多施磷钾肥，使

盆面撒施有机肥

植株壮实，提高抗性。

目前市场上常见的缓释肥料有“魔肥”、“奥绿”、“好康多”；液体肥料有“花宝”、“花多多”等，可以按照合理施肥的原则选择肥料种类。

5. 通风

通风可以调节栽培环境的温、湿度，排走植株代谢过程中产生的废气。及时补充新鲜的空气，有利于兰株的正常生长。流通的空气对及时排除浇水后新芽呈“V”字形开口的叶芯积水意义重大，可以有效地抑制病菌的繁殖，显著降低软腐病的发生。

通风宜缓和，过强的风会造成兰株叶片相互摩擦，形成的机械损伤会成为病菌的侵入伤口。北方冬季进行温室栽培时，通风宜选择在温度较高的中午前后，严禁冷风直接吹向植株。

6. 消毒

为减少病虫害的发生，兰花栽培场所应保持环境干净、整洁，应定期对地面、苗床等消毒。温室在栽培兰花前应进行环境消毒，杀死残留的病原菌及害虫虫卵。一般用广谱杀菌、杀虫烟剂，密闭熏蒸12～24小时，消毒结束后，开启通风6～12小时。温室地面每月喷洒一次消毒液，如次氯酸钠溶液、石灰水溶液或高锰酸钾溶液。

风扇

用于室内空气扰动的环流风机

高锰酸钾消毒后的兰根呈黄色

石灰水喷洒栽培环境消毒

四、兰花的繁殖与栽培

兰花的繁殖方式有无性繁殖和有性繁殖两种形式。

无性繁殖在生产中最常见，这种方式几乎可以完全保持母本的优良性状，后代变异小或无变异。例如国兰类主要通过分株方式进行无性繁殖，操作简单，但增殖速度慢；洋兰类除分株繁殖外，还可以通过扦插、分高芽和组织培养的方式进行无性繁殖，在产业化生产中，主要以组织培养的方式进行。兰花的无性组织培养通常以新芽的芽原基、幼叶、茎尖或花芽的腋芽作为外植体。目前，洋兰类的无性组织培养技术已经相当成熟，早已用于产业化生产；但国兰类的无性组织培养难度较大，进程缓慢，只有‘宋梅’、‘大富贵’、‘西神梅’、‘绿云’、‘龙字’、‘集圆’、‘西蜀道光’等少数几个品种获得成功。

有性繁殖即种子繁殖，其子代会产生性状分离，后代差异较大，一般只用于新品种培育和一些对品种性状要求不严格的药用兰科植物的繁殖，如铁皮石斛、白及等。

由于兰花的种子十分微小，而且胚发育不完全，因此自然条件下很难发芽，必须借助共生真菌供给养分才能萌发。因此目前兰花的繁殖多采用无性繁殖的方式进行。

1. 分株繁殖

分株繁殖是最为传统的兰花繁殖方法。分株的时间一般在春、秋季节，具体来说一般是在春分、秋分前后的10～15天。此时，兰花刚刚从休眠期复苏或即将进入休眠状态，营养积累充足，伤口容易愈合；并且，此时温度较低，昼夜温差较大，不易感染病菌，对植株的损伤最小，有利于植株尽快适应新的环境。

为了防止分株时对兰花肉质根系造成伤害，分株前一周左右要适当控制水分，使兰根柔韧有弹性，防止水分过多时兰根因脆嫩而易折断。分株时先除去盆具表层植料，轻轻拍打盆具，使植料与盆壁分离，左手托住兰株基部，防止倒盆时植株从盆内掉落，右手将兰盆盆口朝下，小心将兰株取出。取出兰株后，轻轻抖掉根系上的基质，剔除空根，用消过毒的手术刀将烂根修剪至露出健康的白色断面。

仔细观察兰株的结构，选择假鳞茎连接点较细的地方下剪，剪口尽量要小，以利于植株恢复。分株后每丛尽量保持2～3苗以上，以利于植株尽快复壮。分完株后立即在伤口处涂抹杀菌剂或伤口涂膜剂，防止病菌从伤口侵染。将兰株放置在阴凉通风处，使伤口收干后再上盆。

在盆底垫瓦片或专业疏水罩，防止植料从盆底孔露出。疏水罩上面填充3～5厘米的塑料泡沫，这样做一是节省植料，二是增加兰盆内的透气性。在泡沫塑料上填充一层较粗的植料，然后将兰株放入盆内，调整兰株在盆内的位置，使假鳞茎略低于盆面，根系向四周舒展。慢慢向盆内倒入植料，边加植料，边摇晃兰盆，使植料与兰根贴合紧密；当植料填充至假鳞茎附近时，双手拇指与食指轻握兰株假鳞茎，左右晃动兰盆，轻轻上提植株，使植料与根系进一步贴合紧密，然后继续填充植料至完全覆盖假鳞茎上方。

在盆面撒施“魔肥”、“奥绿肥”或“好康多”等缓释肥10～20粒，也可以埋施腐熟的羊粪蛋5粒或蚕沙少许。施基肥的原则是苗数较多、根系发达的兰株可以适当多施；苗数少或植株较小，根系不好的植株少施或不施。

由于换盆分株过程中难免会造成兰株根系受伤，采用潮湿基质换盆时如果立即浇水，在潮湿的环境下，伤口容易遭受病菌的侵染；加上新上盆的植株处于休眠期，对水分的吸收能力有限，因此上盆的植株应放置在阴凉通风处，3～5天后等盆内基质略干后再浇水。第一次浇水也称"定根水"，对兰株来说十分重要，第一遍水要浇透，反复浇几遍。对软植料来说要看到盆底有水流出；对硬植料来说，要将盆内的粉尘冲洗干净，直到盆底流出的水为清水。浇定根水后的兰株继续放在阴凉、通风、有散射光处养护1～2周后再进入正常管理。

2. 扦插繁殖

扦插繁殖一般用于石斛类的繁殖，常在5～6月进行操作。选取2～3年生的健壮植株，取其饱满圆润、营养积累充足的茎段，每段保留3～5个节，长约10～15厘米，浅插于水苔中，待茎上腋芽萌发、长出白色气生根后，即可移栽。选择扦插材料时，多以上部茎段为主，因其具顶端优势，扦插后成活率高、萌芽数多、生长发育快。扦插繁殖时，由于没有根系供给植株水分，为防止茎段失水过多，要求较高的空气湿度、适宜的温度及遮阴环境，一般采取喷雾的方法增加空气湿度至80%～90%，温度保持在25～28℃，遮阳70%以上。遮阳应配合温度调控进行，适宜的散射光有利于提高扦插成活率。

3. 高芽繁殖

一些兰科植物，2年以上生的茎上萌发的腋芽，称为高芽。高芽长出气生根，当其长到5～7厘米、成为一个完整的植株时，即可割下，单独栽培。高芽繁殖常用于能产生高芽的兰科植物，如石斛类，多在夏季高芽萌发时进行。高芽繁殖具有操作简便、成活率高等优点，缺点是产生的高芽数量有限，繁殖速度较慢。

4. 植物组织培养

自1904年Hanning首次进行胚培养获得成功后，就有许多学者进行了兰科植物种子培养的研究。1922年，Kundson首次成功进行了兰花种子的无菌播种，开创了兰花种子无菌播种技术体系，为兰花杂交育种工作和产业化推广奠定了技术基础。1960年法国人Morel首次成功地将虎头兰茎尖诱导形成原球茎，进而诱导发育成了完整幼苗，从而建立了兰花的无性繁殖技术体系。目前洋兰类的植物组织培养技术已经相当完善，是生产中最常采用的繁殖手段；国兰类的组织培养技术主要用于新品种培育，难度较大，仅有少数几个品种获得了成功。

兰花的组织培养技术一般的操作步骤如下。

（1）外植体的采集

无性繁殖时，选取兰花的茎尖或幼叶、腋芽作为外植体。育种时，则选取壮实、饱满、约七分成熟度的果实作为外植体。种子成熟度过高，里面含有的酚类等抑制物质含量增加，导致萌发率大大降低。

选取外植体时，要注意取材的时间

和地点。采取嫩芽、茎尖等外植体时，尽量于春季植株开始萌动时采取，此时温度较低，杂菌不活跃，外植体活性最高，容易诱导。高温、高湿的夏季，由于外界环境中菌群较为活跃，外植体自身易携带杂菌，容易导致污染。此外，选取的兰株生长环境应尽量清洁、干净，可以在取外植体前1～2周，对植株喷洒适宜浓度的杀菌剂，最大程度地获得干净的外植体。

（2）外植体的清洗

外植体采回后，先用柔软的小毛刷蘸取洗衣粉刷洗干净后，放入清洁的锥形瓶中，并加入适量洗涤灵，如外植体较小、较轻，可上覆纱布，以防冲出。在自来水下，调节水流强度，用流水冲洗1～3个小时。冲洗外植体时，尽量保证冲洗环境的整洁，提前清洁好水池，同时避免闲杂人员频繁从水池旁经过，防止杂菌的带入。冲洗好的外植体应尽快放入灭好菌的超净工作台中，准备下一步的消毒灭菌工作。

（3）外植体的消毒

外植体的消毒是组织培养能否成功的关键因素。接种前必须对接种室、接种人员、外植体进行彻底的消毒与灭菌。外植体的灭菌处理程序一般是先将外植体在75%的酒精中浸8秒，然后放入浓度为2%～10%的次氯酸钠溶液中浸泡5～20分钟，期间不停摇晃锥形瓶，使外植体与消毒液充分接触，最后再用无菌水冲洗3次。如次氯酸钠的消毒效果不理想，可使用0.1%的升汞对外植体消毒，消毒时间为5～10分钟。由于升汞的毒性较大，消毒好的外植体需要用无菌水冲洗5次以上，同时要注意操作安全。用过后的升汞废液要做回收处理，不可以直接倒入下水道。

（4）接种与培养

外植体经消毒后，在超净工作台上接入相应的启动培养基中。不同兰科植物的诱导培养基随着品种及外植体部位不同，差异较大。要严格保证接种过程处于无菌的环境，防止污染导致的接种失败。接种后，放入培养室中，设置培养温度为20～25℃，每天12～16小时光照，光照强度为1000～2000 lx。以种子作为外植体进行诱导时，初期需要遮光，待种子萌发后再转入有光环境进行培养。

（5）继代增殖

经适宜培养后，约5～10周后可在外植体周围形成许多原球茎，将其分割接入增殖培养基中，以扩大种苗数量。需要注意的是要严格控制继代增殖的系数，不可过多，否则容易出现变异。

（6）生根壮苗

将继代组培苗转入壮苗培养基中，经过壮根后，再将其接入生根培养基中。当组培苗生出3～5条根、每根长3～5厘米、苗高15厘米、具有3～5片真叶时即可进入炼苗阶段。

（7）驯化移栽

驯化是将兰花种苗从培养瓶中过渡到自然环境中的重要环节，是提高组培苗成活率的一项重要措施。将瓶苗放在

温室内炼苗

炼苗中的霍山石斛瓶苗

有遮阴设施的温室中，炼苗15～20天，使组培苗适应自然光照和昼夜温度变化。出瓶前3～5天，打开瓶盖，使组培苗适应外界湿度等环境。出瓶时，清洗干净组培苗根部的培养基，用消毒液浸泡根部3分钟后置于阴凉处，待兰苗阴干后即可种植。组培苗驯化移栽时，常使用消毒过的水苔或细粒松树树皮作为栽培基质。

(8) 移植后的管理

采用潮润的植料上盆后，立即用杀菌剂喷洒一次组培苗，3天内不浇水。温室应保持较高的空气湿度，利用喷雾调节湿度至80%～90%，以后逐渐降低至60%～80%，初期较高的空气湿度有利于组培苗的成活，后期逐渐降低空气湿度以提高植株抗性，增强其对自然环境的适应能力。栽培初期光照强度不要超过6000 lx，尽量保持弱光环境，两周后逐渐提高至10000 lx。温度白天控制在25～30℃，夜间控制在22～25℃，变化幅度要小，尽量保持平稳。组培苗适应环境后，按照“见干见湿”的原则进行水分管理。

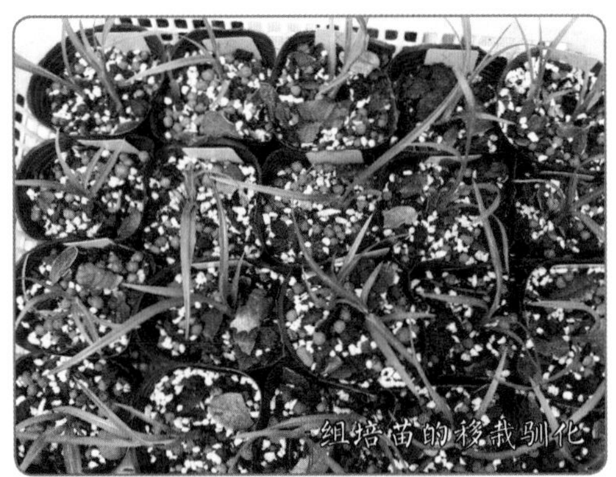
组培苗的移栽驯化

组培苗的移栽驯化

第五章 兰疾问医
——兰花病虫害防治技术

兰花在栽培过程中，会遭到多种病虫侵害，轻者降低其观赏性、影响植株长势，重则导致毁灭性灾害。特别是一些名贵植株，一旦遭受损害，其经济损失可能达数百、上千万。兰花病虫害防治工作十分重要，兰株出现问题时，要求栽培者能够准确判定病虫害种类，对症治疗。

兰花病虫害的防治应采取“预防为主，对症下药，综合防治”的策略。“预防为主”就是指要在环境管理、植株管理上下工夫。保持环境清洁，清除温室内部及周边杂草，定期向地面、苗床喷洒消毒剂，减少栽培环境的菌虫数量，去除病源；植株管理上应少施氮肥，多施磷钾肥，培育壮苗，提高植株抗性，从根本上降低兰花发病率。栽培环境应加强通风，不仅能及时排除兰株代谢过程中产生的有害气体，还能降低温室湿度，可有效降低病害发生。栽培环境与外界联通处还应设置防虫网，切断蓟马、蚜虫等刺吸类害虫的传播。“对症下药”就是指要能明确诊断病虫害，确定是哪种病菌或害虫为害，正确选择针对性的治疗药剂和有效浓度。

一、真菌性病害

兰花不少病害是由真菌引起的。感染兰花的有害真菌从兰株吸取养分、破坏组织，从而引发病害。大多数真菌可以通过显微镜观察到。真菌由许多菌丝组成，可以产生大量的孢子；孢子借助流动的水、空气、昆虫或其他动物、栽培基质等途径进行传播。

1. 炭疽病

炭疽病是兰花最常见的病害之一。病菌发生的最适宜温度是22～26℃。受温度和光照伤害的、害虫侵染造成伤口的或过多施用氮肥的植株易感染此病。

炭疽病病原菌通常危害老叶。初发时，叶面出现呈半圆形的病斑，初为红褐色斑点，后期颜色加深，边缘有黄晕，中间由灰褐变灰白，并产生轮纹状排列的黑点，使叶片逐渐干枯。病原菌以菌丝体在病叶上越冬，故发现病株后，应立即剪除受害部位，并烧毁处理。

防治方法 注意通风透光；兰花放置不宜过密，以减少叶片摩擦造成伤口；避免霜冻、高温以及日灼对兰株造成伤害。此病多发于潮湿闷热的夏季，应提前预防，高温季节到来前，每隔10天左右交替喷1次多菌灵可湿性粉剂或托布津可湿性粉剂800倍液。发病时，每隔7天喷一次杀菌药，交替使用，连喷3～4次即可见效。

2. 黑斑病

病菌常侵染兰花的叶片。病斑初期为针头状大小的黑点，逐渐扩大成近圆形斑点，病斑中央略凹陷。病健相交处分界明显，有些病斑外缘有黄晕。

病原菌在病叶、病株残体、栽培基质中越冬，主要通过气流和喷洒的水传播。病菌附着于叶片上，从幼嫩组织、自然孔口和伤口侵染。高温高湿、通风不良、兰株摆放过密、基质积水、长势衰弱等情况均有利于病害发生。

防治方法 防治兰花黑斑病，首先要加强兰室通风，特别是兰花叶片喷水或浇水之后切忌湿闷，缩短水分在叶片上滞留时间，保证入夜之前叶面干爽。一旦发现病叶应及时剪除，注意剪刀消毒，并在病斑下方健康处下剪。发病时，可用代森锰锌800倍液或福美双1000倍液喷洒，每周一次，连续三次基本可以控制病害蔓延。

3. 叶枯病

叶枯病是一种真菌性病害，每年7、8月份高温多湿的闷热天气为病害高发期。病斑发生于叶缘或叶尖，发病初期，叶片出现红褐色小斑点，后期病斑扩大连成一片，整片叶子从叶尖向基部迅速枯萎，最终导致兰株死亡。病斑上的褐色小点即为病原菌分生孢子。

病菌在病叶、病株残体中越冬，以气流传播和喷洒的水传播，从自然孔口和

黑斑病

叶枯病

伤口进行侵染，多发生在阴湿、低温的冬季，夏季高温多湿季节也容易造成大规模爆发。发生叶枯病的植株，其根系一般较差，多有空根、烂根发生。

防治方法 预防叶枯病应加强通风，使植株多受光，基质不能长期积水，在低温、少光的冬季尤其要注意防范。合理施肥，多施磷钾肥，少施氮肥，提高植株的抗性，防止叶片薄软徒长。发病初期应立即剪除枯叶并销毁，发病严重的要脱盆处理，更换基质，消毒杀菌后重新上盆。

4. 白绢病

白绢病又称白丝病、菌核病，病原为半知菌亚门真菌，主要是由环境湿闷、基质透气性差引起的。白绢病发病期通常在梅雨季节及夏季高温多湿的闷热雨季，病情蔓延迅速，严重的会导致兰株枯烂死亡，危害较大。

白绢病病菌菌核外常包裹一层白色的菌丝，如柳絮。病原菌自叶基侵入，直接危害兰花根部。发病初期呈黄色至淡褐色的流水病斑，后变褐至黑褐色腐烂，并在根际土壤表面及茎基部蔓延，破坏茎部并感染幼叶和根部，在叶鞘、根群产生白色菌丝；被害部位呈水渍状，腐烂变软，发黑，直至叶片枯萎，病菌扩散至假鳞茎，菌核由白色变为赤褐色至茶褐色坏死，严重时整株叶丛枯死。

大花蕙兰白绢病

病菌以菌核在土中或病株残体上越冬，在冬季温度较高的地区菌丝也可在未腐烂的残体上越冬，菌核翌年萌发，在土中蔓延。白绢病菌核对不良环境抵抗力强，在土中可存活数年，借流水、灌溉水、雨水溅射和施肥传播。土壤偏酸、基质通透性差的情况发病最严重，高温多湿天气易诱发病害。

防治方法 改变养兰的基质酸碱度。此病在基质偏酸时易发病，高温闷湿季节，向兰株浇施石灰水或盆面放置草木灰等偏碱性植料，可有效减少白丝绢病的发生。阴雨闷湿天气要加强通风，控制浇水，降低栽培环境及盆内基质的湿度，选用透气性良好的栽培基质。当病害发生时，用腈菌唑乳油2500倍液淋施病株，以后隔7～10天喷一次，连喷2～3次。病情发生严重时，需将兰株倒盆，清洗掉旧基质，将全株兰浸于0.1%的高锰酸钾溶液中消毒。

5. 根腐病

该病为真菌病害，由立枯丝核菌引起，主要侵染兰花的根系，破坏其输导组织，导致兰花吸收养分、水分的能力下降，兰株生长日渐衰弱，最终死亡。

病菌在土壤内和病根残体上越冬，借助浇水传播。通风不良、高温湿闷、盆土过湿、根系上有分株或害虫啃食造成的伤口等，均有利于病害发生。兰根伤口感染或菌蝇幼虫等侵害兰株，是诱发根腐病的重要因素。发病初期根上出现浅褐色、水渍状病斑，扩展后呈褐色腐烂，根一段一段腐烂至全根腐烂，再蔓延到其他根上。

由于根系受害，轻时叶尖干枯，叶片黄绿，长势差；重时全株死亡。

防治方法 一旦发现根腐病症状，宜立即翻盆，剪除病根，将兰根全部浸泡在0.1%的高锰酸钾溶液中20分钟左右，更换新的栽培基质，原来的栽培基质要隔离深埋，所用的旧盆具也需经过消毒处理才能使用。

6. 茎腐病

兰花茎腐病，又称兰花基腐病，是危害兰花最为严重的病害之一，多发生于高温高湿的闷热天气，一般7～9月属于高发期。茎腐病发病迅速，短期内会使假鳞茎输导组织损坏，假鳞茎横切面维管束变褐色，导致整个假鳞茎变褐腐烂、萎缩坏死，直至植株死亡。通常先危害较老的兰花假鳞茎，症状表现由内到外，等发现茎腐病病症时，病菌侵染已经比较严重。发病初期叶片失水扭曲，叶片萎蔫，叶色暗淡无光泽，病株基部发黄，假鳞茎腐烂，植株枯死，并通过假鳞茎连接点向其他植株传播病菌。

大花蕙兰茎腐病

兰花茎腐病的病原菌主要以菌丝、孢子等形式在栽培基质和病株残体中存活，可以通过栽培基质进行传播，从根系自然孔口及分株伤口侵染兰株。根系生长不良、植株生长势衰弱、有虫害或分株损伤造成的伤口等，均有利于病原菌的侵染，此外在高温、高湿季节浇水过多、通风不畅，也有利于发病。

防治方法 及时清除病株，发病盆具及基质全部销毁处理。兰花分株过程中应小心操作，尽量减少伤口，减小伤口面积，切断病原菌侵入途径。实践表明，兰花根系的伤口是造成茎腐病病原菌侵入的最主要途径，因此要及时消灭盆内害虫，尤其是菌蝇幼虫及蚯蚓、蜗牛等啮食兰花根系的害虫。

兰花茎腐病一旦发生，就会切断兰花假鳞茎疏导组织，导致药剂在植株体内的传导运输受阻，植株的存活率极低，因此应以预防为主，加强环境管理，适当控制基质水分。在茎腐病高发期，采用恶霉灵90%可湿性粉剂1000倍液喷雾，隔7～10天施一次，连施2～3次，可有效预防茎腐病的发生。

二、细菌性病害

细菌侵染兰株后，会产生毒素，堵塞和破坏维管束，切断疏导组织，继而引发植株死亡，细菌造成的伤害一般都有水渍状腐烂发生，严重时伴有臭味。由于细菌比真菌更加难以控制及防治，最好的办法是防患于未然，注意工具、环境及操作卫生。

1. 细菌性软腐病

细菌性软腐病与茎腐病发病特征相似，最大的区别是茎腐病一般发生于老株上，而软腐病一般发生于新苗或新芽上；茎腐病腐烂部分呈干腐状，无液体渗出，软腐病腐烂部分呈湿腐状，前期有水渍状病斑，兰花组织黏稠呈烂泥状，并伴有恶臭味，类似大白菜腐烂形态。细菌性软腐病多发生在夏秋季节，多发生在高温炎热、通风不畅的环境，亦属于对兰花危害最大的病害之一。

软腐病主要危害新芽或新株的基部。发病时，新株叶片基部变黄，呈水渍状腐烂，有臭味。由于疏导组织受损，植株叶片呈脱水状，暗淡无光泽。软腐病病原菌主要在发病植株的残体和土壤中越冬，借助浇水、空气等进行传播，从根、茎伤口和自然孔口处侵染，进入疏导组织后潜伏起来，在条件适宜的时候发病。每年6～9月，兰花软腐病进入高发期，多发于天气闷热、通风不畅的浇水之后的环境中。此病具有隐蔽性，发病极快，蔓延迅速，一旦染病，植株基本无救，需立即清除出栽培场所，盆具及基质深埋处理。

防治方法 兰花软腐病与茎腐病一样，以预防为主，发病之后，救治的成活率极低。平时要保持环境卫生，杜绝高温、高湿环境，基质适当控水，闷湿天气时要采取强制通风。每隔半月，进行一次杀虫、杀菌工作，减少害虫对兰株根系造成的伤害。常用的防治药剂有农用链霉素、新植霉素、氯霉素等，也可采用38%的恶霜嘧铜菌酯1000倍液喷施，7天1次，连用2～3次。

细菌性软腐病

2. 细菌性褐斑病

兰花细菌性褐斑病菌为肠杆菌科欧文氏菌属的植物病原细菌。一般侵染兰科植物叶片，受害初期叶面产生圆形或不规则的脱水斑，然后扩展并微凹陷，淡褐色呈油浸状，受害部组织柔软，严重时整段叶脱水失绿，后期变成褐色或黑褐色。细菌性褐斑病是兰科植物的一种很重要的细菌病害。偏施氮肥、植株

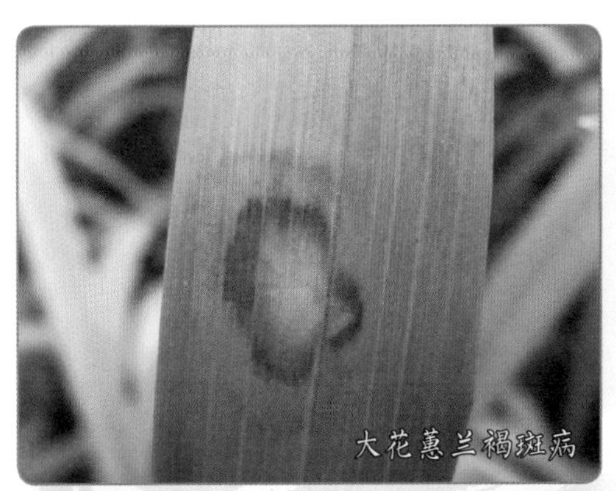
大花蕙兰褐斑病

大花蕙兰褐斑病

衰弱、长期处于高温高湿且通风不畅的环境里容易发病。此外，植株冬季遭受低温冻害时，也易染病。

防治方法 加强栽培环境通风透气，避免高温高湿，减少叶片损伤。发病初期，可以采用药剂涂抹叶片两面病部，每隔7～10天涂抹1次，连续3～5次即可。病害高发期，可喷洒75%农用链霉素3000倍液，77%可杀得可湿性粉剂600倍液2～3次进行防治。

三、病毒病

此病由病毒引起，蚜虫、蓟马、红蜘蛛等刺吸性害虫是此病的主要传播媒介。发病初期叶面形成褪绿斑，病斑沿叶脉扩展，相互交错呈花叶状。后期褪绿或黄化，组织坏死枯焦，形成黑褐色斑点或斑块。植株感染后，花、叶变色、萎缩或畸形，在不同的兰花品种上其表现症状也各不相同，危害程度也有很大差异。病毒病一经染病，无法去除，又因其具有较强的传染性，所以目前只能做销毁处理。

1. 常见病毒病

病毒只存活于带病毒的兰株，依靠刺吸类害虫和修剪工具进行传播。兰花密植栽培时，病株叶片与健康株叶片相互摩擦也会传染病毒病；使用剪刀和刀片等分株工具进行兰花分株或修剪操作时，工具上沾染的带病毒的汁液也会传染其他兰株；兰花浇水时，从病株花盆中流出的水也具有传染性。

防治方法 严把引种关，不采购有病毒或疑似有病毒病的植株，一经发现，立即隔离销毁，从根本上杜绝传染源。做好兰园的清洁卫生工作，铲除杂草，分株及修剪用的工具在使用前均需进行消毒处理。加强管理和养护，增强植株抵抗力。保持良好的通风环境和株行距，不同盆之间兰株叶片不能有交错摩擦。定期喷打杀虫药，尤其是防蓟马、红蜘蛛、蚜虫等刺吸类害虫，切断病毒的传播途径。

感染病毒病的叶片

感染病毒病的叶片

四、害虫

害虫常危害兰株的新芽、叶片、根系及花蕾等，常常造成伤口诱发病菌入侵，导致花蕾败育。很多刺吸类害虫还可以传播病害及病毒，因此尤其要注意防范。常见的害虫有介壳虫、红蜘蛛、菌蝇、蛞蝓、蜗牛、蓟马、蚜虫等。

1. 介壳虫

介壳虫俗称“兰虱”，是一种具有刺吸式口器的害虫，身体表面有一层密不透水的蜡质包裹，常规药剂很难渗透进去；加之主要寄生在植株基部、叶背，在量少的情况下不易引起人们的注意。介壳虫十分顽固，难以彻底清除。介壳虫多发生在高温、高湿，空气不流通的环境下，是兰花最常见且最难防治的虫害之一。

危害兰花的介壳虫主要有兰蚧、盾蚧和桑白盾蚧等。介壳虫的繁殖能力强，一年可繁殖2～3代，每年5～6月，若虫孵化而出，在兰株上固定为害，多寄生在兰株的假鳞茎、叶片上，也常见于叶片基部的叶鞘内隐蔽处，以刺吸兰株汁液为食。受害轻的兰株叶片呈点状变黄、老化，兰株生长受到影响；受害重的兰株叶片上被介壳虫成片覆盖，既消耗兰株养分，又影响光合作用，从而使兰株生长发育受阻，甚至全株死亡。

介壳虫

介壳虫侵害后的伤口极易感染病害，其分泌物易招致煤污病的发生。

防治方法 介壳虫少量发生时，可用软牙刷、湿巾等软质材料将虫体刷除。做好检疫工作，以预防为主，杜绝带虫入园，日常管理应注意环境通风，避免高温高湿。介壳虫成虫较难防治，应抓住时机，在若虫孵化不久，尚未形成蜡质壳前进行药剂防治，可采用乐果、扑虱灵、敌敌畏、速扑杀、蚧死净、介壳灵等药剂交替使用，连续喷洒3次，每次间隔7～10天，效果良好。

2. 红蜘蛛

红蜘蛛是兰花栽培管理过程中常见的害虫，虫体较小，呈圆形或卵圆形，橘黄色或红褐色，以刺吸式口器刺入叶片内吮吸汁液，常在叶背活动，造成密集、连成片状的灰白斑，使叶片失去光泽，叶背粗糙，类似磨砂质感；红蜘蛛密度高时，整叶的大半均呈灰白斑点状，严重发生时，叶片变橘黄、脱落。由于红蜘蛛体形小不易发现，一旦发现其为害时，往往种群密度已较大，亟须防治。红蜘蛛在高温干旱的环境下较易产生，尤其是通风不畅的温室内，红蜘蛛繁殖及蔓延极为迅速。由于红蜘蛛采用刺吸式口器吮吸兰株汁液，容易传播病害及病毒病，需要严格防范。

防治方法 红蜘蛛多发于高温、干旱的环境，应尽量避免温室长期处于此状态，从根本上杜绝红蜘蛛暴发。平时注意观察，红蜘蛛高发期提前采用克螨特、阿维菌素、杀虫脒、三氯杀螨醇等进行预防。

3. 菌蝇

菌蝇又称蚊蝇，俗称“小飞黑”，主要取食兰花根系和基质内的有机物。添加树皮、花生壳、树叶等有机材料作为栽培基质或向盆面施入固体有机肥，均有利于菌蝇繁殖。菌蝇成虫形态似微型蚊子，对兰花无害；幼虫体长约5毫米，似蝇蛆，头部黑色，取食兰花根系造成危害。幼虫取食兰株根系会导致病原菌通过根系进行侵染，是造成兰花软腐病及茎腐病发病的主要原因之一。菌蝇可通过使用黄色粘板来指示和诱杀。

防治方法 菌蝇幼虫对基质水分敏感，控制基质偏干，可有效降低幼虫密度。栽培基质中有机质含量不宜过高，否则生成的真菌非常有利于菌蝇的繁殖。根据黄板上指示的成虫密度，每隔7天采用卉福4000倍液灌根防控菌蝇幼虫，同时结合叶面喷施阿维菌素、吡虫啉、灭蝇胺、菊酯类杀虫剂来减少成虫的数量。

菌蝇

4. 蛞蝓

蛞蝓俗称“鼻涕虫”，属软体动物，外形如没有壳的蜗牛，体表湿滑有黏液，喜欢生活在潮湿、阴暗的环境里，畏光，常于夜间或阴暗处活动。啃食兰花嫩叶、新芽、新根等部位，食量大，危害较重，爬行过的地方会留下晶亮的白色痕迹。

防治方法 发现蛞蝓为害时，在数量较少时可以人工捕捉，也可以在通道上、兰架下、兰盆下及四周撒施石灰粉，或采用毒饵诱杀。加强温室通风，增加光照，控制栽培基质湿度，适当偏干管理，并注意温室内的清洁卫生，及时除去杂草、枯叶等。

5. 蜗牛

蜗牛跟蛞蝓一样属于软体动物，怕干燥和日晒，白天多隐藏在潮湿的花盆下土中或基质内，喜欢夜间觅食，在雨后空气湿度较大的阴天较为活跃。蜗牛喜食兰花叶芽和花芽，并且会钻入盆底，啃食兰花水晶头，其啃食新芽造成的伤口是诱发软腐病的重要原因之一。蜗牛繁殖速度快，适应能力强，十分顽固，经常隐藏在阴暗处，难以彻底杀灭。

防治方法 发现兰株新芽或花苞有

蜗牛

被啃食现象时，应仔细观察叶片或基质表面是否有蜗牛爬行时留下的白色晶亮痕迹。发现蜗牛为害时，可在盆面放置浅蓝色的四聚乙醛杀螺剂，或者夜间利用涂抹农药的黄瓜片，进行引诱触杀。兰花尽量放置在苗床上，并在苗床床腿基部包裹胶带或光滑的金属片防止蜗牛上爬。加强栽培环境的通风，适当控制基质偏干，可有效控制蜗牛的种群数量。

6. 蓟马

蓟马幼虫呈橘黄色，成虫呈棕黑色，体型细小，能飞善跳，行动敏捷，较活泼，迁徙能力强。生活周期很短，发生代数较多，常危害兰花新芽和花朵。蓟马畏强光，傍晚或阴雨天在叶面活动，晴天多隐藏在叶心、幼嫩新芽中，或聚集在花瓣内。蓟马以刺吸式口器吸取汁液，使嫩叶出现花白斑，被害处皱缩或扭曲畸形，也常危害花蕾导致花苞败育不能正常开放。蓟马是病毒病的主要传播害虫。

防治方法 在兰棚内要经常检查，发现新芽出现黄斑、畸形或花蕾皱缩不舒展时，要仔细检查兰株上有无蓟马，少量的可人工摘除病花并销毁，同时立即进行药物防治。由于蓟马较小，不易观察，可利用蓟马趋蓝色的习性，在温室内设置蓝色粘板，即可指示温室内有蓟马病害，又可诱杀成虫。蓝板悬挂高度以略高于兰株为宜。蓟马在芽期及花蕾期要提前进行预防，可采用阿维菌素3000倍液、氯氰菊酯1000倍液等每隔一周喷洒一次，连续喷雾2～3次。蓟马繁殖速度较快，容易产生抗药性，所以在用药物灭杀蓟马时，应多种药物轮流使用。

蓟马危害兜兰花朵

7. 蚜虫

蚜虫个体细小，但繁殖能力超强，能够进行孤雌单性生殖，4～5天即可繁殖一代，一年繁殖几十代，常常危害兰花植株。蚜虫主要聚集在新叶、嫩芽和花苞上，以刺吸式口器刺入组织内部吸取汁液，使受害部位出现黄斑或黑斑，受害叶片出现黄色小圆斑，并使花蕾萎缩或畸形。此外，蚜虫还能分泌蜜露，招致细菌生长，诱发煤污病；蚜虫刺吸式口器还可传播病毒。

防治方法 为阻止外界有翅蚜虫，应在换气口、湿帘后翻窗、出入口等处装防虫网。温室内可采用黄色粘虫板，诱杀飞进的蚜虫。发现蚜虫为害时，选用阿维菌素、氯氰菊酯、吡虫啉、氧化乐果乳油等药剂，每周喷施一次，2～3次即可杀灭。蚜虫虽然容易杀死，但由于其繁殖速度较快，容易产生抗药性，所以必须轮流更换使用杀虫剂。

五、兰花生理性病害

生理性病害与病原性病害相对应，是指由非生物因素，即非侵染性病原作用导致兰花植株生理代谢失调而引起的病害，因不能传染，也称非传染性病害。非生物因素是指生长环境不良或栽培措施不当，例如基质水分含量过高或过低，空气湿度过高或过低，光线过强或过弱，温度过高或过低，肥料、农药使用不当等。

1. 日灼

日灼病的发生通常与强烈光照有关。日灼造成的创伤使植株产生伤口，会招致病菌侵染，如炭疽病侵染。在夏秋季节，阳光直射时，光照强度超过兰株的最大承受强度，叶片表面温度过高，导致叶肉组织和叶绿素被破坏。受害叶面初期表现为褪绿、发白，后期逐渐变为褐色和暗褐色。此外，浇水的时候，如叶面有水珠，强光照射时会产生透镜的聚光作用，引发日灼病；夏季阵雨天气，阳光突然直射而未及时拉遮阳网时，也极易发生日灼。

防止方法 加强遮阴，防止高温季节和中午强烈的阳光照射，尤其是在连栋温室栽培时，要注意夏秋季节温室南向及西向的侧方遮阴工作。注重肥水管理，促进根系健康生长，提高植株对光强的承受能力。在高温季节注意通风，以防止热量过度积累。当兰株的栽培环境发生变化时，如弱光栽培的植株转移至强光下栽培时，光照强度要逐渐变化，让植株有一个适应过程。季节变换、光照变弱、撤下遮阳网时，也应注意防范突然产生的过强光照引发日灼病。

大花蕙兰日灼病

蝴蝶兰日灼病

2. 温度胁迫

温度胁迫分高温胁迫及低温胁迫两种，高温胁迫通常与日灼病相伴发生，一般都是由光照过强引起热量积累而发生病害；低温胁迫常见的为冻伤。不同的兰花种类对冬季最低温度的要求不

大花蕙兰叶片冻伤

同。一些原产热带、亚热带的兰花冬季最低温度不能低于15℃。如蝴蝶兰在低温时，植株叶片发红，生长停顿；严重冻伤时，新叶出现黄条纹，经过一段时间后，转为褐色，最终变为黑色。对于有霜冻发生的地区，还应注意防范霜害的发生，霜害能使兰株细胞中的水分结冰，刺伤细胞壁，导致细胞受损或死亡，尤其需要注意防范。

3. 药害

因农药使用不当造成的伤害称为药害。常见的表现为叶尖和叶缘枯焦，叶片上出现褪绿和黄化斑块或斑点。容易与病毒病相混淆，其与病毒病最大的区别是药害造成的黄化斑点或斑块无凹陷，一般较整齐，停止喷药后，病斑不蔓延。激素类药害表现为植株、叶片扭曲和花朵畸形，植株矮化，根系短缩膨大、上粗下细、比例失调、似胡萝卜状。长期使用某些含有重金属离子的农药，药物毒性积累引起的慢性中毒表现为植株发育不良、叶片无光泽、开花推迟、花色变淡。

兰花发生药害的原因有以下几种：没有对症用药，多种农药混用导致植株中毒；某些含铜、锌、锰、铝等金属离子的农药，施用过多会导致重金属离子的积累，产生药害；农药使用浓度过高，特别是激素类农药，对施用量要求极为严格，浓度过高会造成生长抑制和畸形；施药时间不当，尤其是中午高温、光照过强时施药，常会导致烧叶片，叶缘及叶尖出现焦尖，根系生长受阻。

防止方法 要严格按照农药说明书的要求施用农药，不任意加大用药浓度和剂量；对症用药，根据病虫害的种类和发生季节选用合适的农药，不能随意混用农药；掌握安全的打药时间和两次打药的安全间隔期，避开高温干燥、阳光强烈的时期施药。农药浓度过大或用药不适宜时，要及时喷洒清水，清除植株上残存的农药；若过量使用激素类农药时，要及时换盆，清除旧的栽培基质，更换新的栽培基质。

4. 肥伤

因施肥不当造成的伤害称为肥伤。常见的表现为叶尖和叶片发黑，根系发黑或腐烂，植株停止生长，严重者全株死亡。引起肥伤的主要原因有施肥过量或者施用未完全腐熟的有机肥。有机肥发酵过程中产生的热量会灼伤根系；而高浓度的肥料会使栽培基质的渗透压升高，从而迫使植株水分向外回流，导致植株脱水。施肥过勤、施肥浓度过高会导致盐分离子随着水分在植株体内运输，积累在叶片，引起叶尖发黑、坏死，影响兰花品质。

防止方法 严格控制施肥浓度。大多数兰花对肥料的需求量不是很大，宜“薄肥勤施”。因为未发酵的肥料在发酵时会产生大量的热和有机酸，会对兰株的根系，尤其是根尖产生伤害，因此，有机肥必须经过充分的腐熟发酵后才能使用。避免偏施氮肥，要均衡用肥，培养健壮的根系，提高植株的抗性。根据兰株的健壮程度及不同的生长发育期合理施肥，区别对待。例如小苗、弱苗少施肥、施淡肥；大苗、壮苗多施肥，肥料浓度可稍微增加。此外，施肥还要根据外界环境而定，宜选择在晴朗的天气进行。施肥时温度不宜过高，以防基质水分蒸发剧烈，导致肥料浓度上升引发肥害。

兰花大观
LANHUA DAGUAN

下篇

兰花与传统文化

LANHUA YU
CHUANTONG WENHUA

第六章 词海拾兰
——兰的词汇成语

《说文解字》云："兰，香草也，从草阑声。"兰花因其自身清雅、幽香的特质，多用以隐喻美好的事物，更是文人骚客笔下的常客，由此衍生出来的语词、典故也比比皆是。中国社会科学院裴效维研究员，近日新成巨著《中国成语大典》，对此有充分的引证和深入的研究，经他本人应允，予以选裁。

一. 词汇

1. 用以比喻事物的美好

（1）形容时间

【兰时】

〔释词〕良时。指春日。

〔例句〕魏晋·陆机《拟庭中有奇树诗》："欢友兰时往，迢迢匿音徽。"唐·王琚《奉答燕公》："与君兰时会，群物如藻饰。"

（2）形容文章、书信、语言等

【兰讯】

〔释词〕对他人书信的美称。

〔例句〕晋·谢混《诫族子诗》："通远怀清悟，采采标兰讯。"

【兰藻】

〔释词〕比喻文词如兰的芬芳、如藻的美好。

〔例句〕南北朝·谢灵运《拟魏太子邺中集诗·平原侯植》："众宾悉精妙，清辞洒兰藻。"唐·韦应物《酬郑户曹骊山感怀》："申章报兰藻，一望双涕零。"

【兰章】

〔释词〕比喻华美的文辞。多用以赞美他人的诗文、书札。

〔例句〕唐·韦应物《答贡士黎逢》诗："兰章忽有赠，持用慰所思。"

【兰言】

〔释词〕形容心意相投的言语。

〔例句〕唐·骆宾王《上齐州张司马启》："是以挹兰言于断金，交蓬心于匪石。"

（3）形容居所

【兰房】

〔释词〕①充满兰香的精舍，多指贤士住所。

②对女子居室的美称。

〔例句〕三国魏·曹植《离友诗》："迄魏都兮息兰房，展宴好兮惟乐康。"战国楚·宋玉《讽赋》："乃更于兰房之室，止臣其中。"

【兰室】

〔释词〕芳香高雅的居室。

〔例句〕晋·张华《情诗》："佳人处遐远，兰室无容光。"

（4）形容仪容、姿态

【兰仪】

〔释词〕美好的仪态。

〔例句〕南朝宋·谢庄《宋孝武宣贵妃诔》："高唐渫雨，巫山郁云。诞发兰仪，光启玉度。”

(5)指气味

【兰薰】

〔释词〕兰花的香气四溢。比喻芳洁。

〔例句〕南朝·梁元帝《车名诗》:“佳人坐椒屋,接膝对兰薰。绕砌萦流水,边梁图画云。”

2. 形容人的品格高贵

【兰艾】

〔释词〕兰草与艾草。兰香艾臭,常常比喻君子小人或贵贱美恶。

〔例句〕晋·殷茂《上言宜令清官子侄入学》:“臣闻旧制,国学生皆取冠族华胄,比列皇储。而中者混杂兰艾, 遂令人情耻之。”

【丛兰】

〔释词〕丛生的兰花,比喻美好的人与物。

〔例句〕《通玄真经·上德》:“丛兰欲修,秋风败之。人性欲平,嗜欲害之。”

【兰桂】

〔释词〕兰草与桂树。比喻有优良资质的人。也用于比喻子孙。

〔例句〕晋·傅玄《晋鞞舞歌·明君篇》:“白茅犹可珍,冰霜昼夜结。兰桂摧为薪,邪臣多端变。”

【兰石】

〔释词〕兰花般的芬芳,石头般的坚固。用以比喻天生的美质或高节。

〔例句〕东汉·王充《论衡·卷三》:“禀兰石之性,故有坚香之验。”

【兰芝】

〔释词〕兰草与灵芝草。比喻高风美德。

〔例句〕汉·王延寿《鲁灵光殿赋》:“朱桂黝儵于南北,兰芝阿那于东西。”

【兰芷】

〔释词〕兰草与白芷。比喻美好的品德。

〔例句〕战国楚·屈原《楚辞·离骚》:“兰芷变而不芳兮。荃蕙化而为茅。”

【兰莸】

［释词］香草和臭草。用以比喻善恶、贤愚。

［例句］《后汉书·卷六十七》："兰莸无并，销长相倾。"

【椒兰】

［释词］椒与兰都是芳香之物，用以比喻所敬爱之人。

［例句］战国楚·屈原《楚辞·离骚》："览椒兰其若兹兮，又况揭车与江离。"

【佩兰】

［释词］佩带香草为饰物，表示立身高洁。

［例句］唐·李群玉《送萧绾之桂林》："兰香佩兰人，弄兰兰江春。"

3. 专指女子美好的品格或仪容

【兰玉】

［释词］①喻女子的节操高洁。

②见"芝兰玉树"。

［例句］《隋书·列女传论》："足使义勇惭其志烈，兰玉谢其贞芳。"

【蕙心】

［释词］比喻女子纯美之心。

［例句］南朝宋·鲍照《芜城赋》："东都妙姬，南国丽人。蕙心纨质，玉貌绛唇。"

4. 交友之道

【兰交】

［释词］指气味相投、志同道合的朋友。

［例句］唐·李峤《被》："桂友寻东阁，兰交聚北堂。"

【兰襟】

［释词］①用以比喻良朋益友。

②衣襟的美称。

［例句］唐·卢照邻《哭明堂裴主簿》："遽痛兰襟断，徒令宝剑悬。"

汉·班倢伃《捣素赋》："侈长袖于妍袂，缀半月于兰襟。表纤手于微缝，庶见迹而知心。

【兰客】

〔释词〕品德高尚的朋友。

〔例句〕唐·浩虚舟《陶母截发赋》："原夫兰客方来，蕙心斯至。"

【兰臭】

〔释词〕兰草的香味。比喻意气相投的言语。

〔例句〕唐·窦群《奉酬西川武相公晨兴赠友见示之作》："情同如兰臭，惠比返魂香。"

【兰味】

〔释词〕比喻志趣相投。意同兰臭。

〔例句〕唐·骆宾王《灵隐集·上梁明府启》："况夫志合者蓬心可采，情谐者兰味宁忘。"

【兰台聚】

〔释词〕南朝梁的文学家任昉任御史中丞时，后进皆宗之，每天都聚在他的家里，号称兰台聚。

〔例句〕南朝梁·陆倕《赠任昉》："今则兰台聚，万古信为俦。"

【金兰】

〔释词〕言交友相投合。

〔例句〕《太平御览·卷四〇七》："（张温）拜中郎将，聘蜀与诸葛亮结金兰之好焉。"

5. 引申代称

（1）指时间

【兰夜】

〔释词〕农历七月初七。

【兰月】

〔释词〕农历七月的别称。

（2）指方位、地名

【兰陵】

〔释词〕地名。①战国楚邑，在今山东临沂市兰陵县县西南兰陵镇。

②汉置县，属东海郡，今在山东枣庄市南峄城镇。

③东晋初，置县名，在今江苏常州市西北。

【兰台】

〔释词〕①战国时楚国高台的名称。据说今址在湖北钟祥县东。

②兰台原为汉代宫廷藏书处，设御史中丞掌管，后置兰台令史，掌管书奏。

③唐代指秘书省。

④相术家称鼻的左侧为兰台。

【兰亭】

〔释词〕亭名，在浙江省绍兴市西南。相传勾践种兰之处。晋永和九年三月初三日（公元353年4月22日），王羲之与谢安等41人在此修禊。

【兰溪】

〔释词〕①水名，一在浙江省境内，有两个来源，东曰婺港，西曰衢港，二水在兰阴山下合流，总称兰溪。又一在湖北省蕲水县东。再一在四川省仁寿县北。

②地名，兰溪县，唐咸亨五年置，以兰溪为名，即今天浙江省兰溪市。兰溪镇，湖北蕲水县西南有兰溪镇。湖南益阳县东南有兰溪镇。

（3）指物

【兰褫】

〔释词〕僧衣。

【兰检】

〔释词〕古代帝王发布的诏令。

【兰锜】

〔释词〕放置兵器的架子。

【兰汤】

〔释词〕有香气的热水。

【兰缨】

〔释词〕用于系在冠或剑上华美的缨穗。

【兰舆】

〔释词〕古代一种有栏槛的轻便型马车。

【兰炷】

〔释词〕可供燃烧的长香。

（4）专指兰花的部位

【兰箭】

〔释词〕兰的枝干。

【兰苕】

〔释词〕兰花的茎部。

二. 成语典故

1. 比喻事物

（1）形容居所

【桂殿兰宫】

〔语源〕晋·张华《情诗》："佳人处遐远，兰室无容光。"李善注："古诗曰：'卢家兰室桂为梁。'"

〔解义〕形容高贵壮丽、富丽堂皇、香气浓郁的宫殿。

〔例句〕唐·王勃《滕王阁序》："临帝子之长洲，得仙人之旧馆。层台耸翠，上出重霄；飞阁流丹，下临无地。鹤汀凫渚，穷岛屿之萦回；桂殿兰宫，列冈峦之体势。"

清·曹雪芹《红楼梦》第十八回："金门玉户神仙府，桂殿兰宫妃子家。"

〔异体〕桂宫兰殿

【芝兰之室】

〔语源〕语出《孔子家语·六本》："与善人居，如入芝兰之室，久而不闻其香，即与之化矣。"

〔解义〕意谓盆栽着芝兰的屋舍。比喻良好的环境。

〔例句〕唐·陈子昂《薛大夫山亭宴序》："名流不杂，既入芙蓉之池；君子有邻，还得芝兰之室。"

（2）形容仪态

【芳兰竟体】

〔语源〕语本“芳兰体”，出自南朝宋·鲍照《代挽歌》：“独处重冥下，忆昔登高台……生时芳兰体，小虫今为灾。”

〔解义〕意谓兰花的香气充满全身。比喻人的举止闲雅，风采动人。

〔例句〕《南史·谢览传》：“意气闲雅，视瞻聪明。武帝目送良久，谓徐勉曰：‘觉此生芳兰竟体，想谢庄政当如此。’”（谢庄：谢览之祖父。）

清·吴敬梓《儒林外史》第三十四回：“又到了两位客……是两个少年名士，这两人面如傅粉，唇若涂朱，举止风流，芳兰竟体。”

〔异体〕芬芳竟体、清芬竟体、瑶芳竟体、竟体芳兰

2. 形容人的品格

【兰薰雪白】

〔语源〕语出南朝梁·刘孝标《广绝交论》：“颜（渊）、冉（伯牛）龙翰凤雏，曾（参）、史（鱼）兰薰雪白……视若游尘，遇同土梗。”

〔解义〕意谓如同兰草一样芳香，好像雪花一样洁白。形容人品高雅纯洁。

〔例句〕唐·崔融《报三原李少府书》：“若吾子之兰薰雪白，冰清玉润，变通古今，识贯终始，而不免于谗口者，斯亦可以痛心哉！”

〔异体〕兰薰雪映、兰薰月映

【兰摧玉折】

〔语源〕语出晋·裴启《语林》：“毛伯成（玄）负其才气，常称‘宁为兰摧玉折，不作蒲芬艾荣’。”

〔例句〕《世说新语·言语》：“毛伯成既负其才气，常称‘宁为兰摧玉折，不作萧敷艾荣’。”

〔解义〕蒲、艾：比喻奸佞小人。意谓兰花被摧残，美玉被折断。

引申义：①比喻为坚守高尚的情操或正义的信念而死。

②比喻贤人君子不幸早死。多用于哀悼。

③比喻丧偶。

〔例句〕唐·刘知几《史通·直书》：“盖烈士徇名，壮夫重气，宁为兰摧玉折，不作瓦砾长存。”

明·张岱《祭伯凝八弟文》：“痛余八弟，乃遂遐升。余虽昆季，义犹友朋。兰摧玉折，实难为情。”

〔异体〕兰摧蕙折、兰摧蕙损、兰枯蕙死、兰枯蕙老、兰萎珠碎、兰销玉毁、玉折兰

摧、桂折兰摧、蕙折兰摧、蕙损兰摧、蕙枯兰萎、蕙死兰枯、蕙死兰焚、芝摧兰萎

【空谷幽兰】

〔语源〕语或出晋·陆机《悲哉行》：“幽兰盈通谷，长秀被高岑。”

〔解义〕意谓空旷而人迹罕至的山谷中，生长着幽香的兰花。比喻品质高洁、风格秀逸而身份隐秘不外露的高人、才女或事物。

〔例句〕清·严达《凤凰台上忆吹箫·题姚栖霞女士》：“试觅柔情芳韵，分明是、空谷幽兰。”

清·吴乔《围炉诗话》：“诗乃心声，非关人事。如空谷幽兰，不求赏识，乃足为诗。”

〔异体〕幽兰空谷

【蕙纕兰佩】

〔语源〕语由“蕙纕”与“兰佩”组合而成。

“蕙纕”出自屈原《离骚》：“既替余以蕙纕兮，又申之以揽茝。”王逸注：“纕，佩带也。言君所以废弃己者，以余带佩众香，行以忠正之故也。”

“兰佩”出自屈原《离骚》：“纫秋兰以为佩。”王逸注：“佩，饰也。所以象德。言己修身清洁……博采众善以自约束。”

〔解义〕意谓以蕙草为衣带，以兰草为衣带的装饰。表示品德高洁，立身端正。

〔例句〕唐·李商隐《梓州道兴观碑铭》：“载念弱龄，恭闻隐语，蕙纕兰佩，鸿俦鹤侣。”

〔异体〕佩玉纫兰、纫兰佩玉

【春兰秋菊】

〔语源〕语出屈原《楚辞·九歌·礼魂》：“春兰兮秋菊，长无绝兮终古。” 王逸注：“言春祠以兰，秋祠以菊，为芬芳长相继承，无绝于终古之道也。”洪兴祖补注：“古语云：‘春兰秋菊，各一时之秀也。’”

〔解义〕①比喻人或事物各有所长，各擅其美，难分轩轾。

②意谓每年春天以兰花、秋天以菊花祭奠死者，可以绵延不绝。表示香火不断。

〔例句〕北周·庾信《后魏骠骑将军荆州刺史贺拔夫人元氏墓志铭》：“郭门路转，哀挽途穷。陇深结雾，松高聚风。春兰秋菊，唯始唯终。”

唐·李商隐《代魏宫私赠》：“来时西馆阻佳期，去后漳河隔梦思。知有宓妃无限意，春松秋菊可同时。”

〔异体〕春秋兰菊、秋菊春兰、兰菊春秋

【怀琼握兰】

〔语源〕语出屈原《九章·怀沙》：“任重载盛兮，陷滞而不济。怀瑾握瑜兮，穷不知所示。”王逸注：“在衣为怀，在手为握。示，语也。言己怀持美玉之德，遭世暗惑，不别善恶，抱宝穷困，而无所语也。”

〔解义〕意谓怀里揣着琼玉，手里拿着兰草。比喻人具有高尚的品德和出众的才能。

〔例句〕晋·陶潜《感士不遇赋》：“坦至公而无猜，卒蒙耻以受谤；虽怀琼而握兰，徒芳洁而谁亮？”

〔异体〕怀琼握瑾、怀瑾握瑜、抱瑜握瑾、握瑜怀瑾、握瑜怀玉、握兰佩玉

【披榛采兰】

〔语源〕语出《晋书·皇甫谧传》："陛下披榛采兰，并收蒿艾，是以皋陶振褐，不仁者远。"

〔解义〕意谓拨开丛生的荆棘，采择芳香的兰花。比喻选拔优秀人才或挑选优异的事物。

〔例句〕清·谭献《〈唐诗录〉序》："及唐代之作者，导泾分渭，披榛采兰，举三百年之遗文，离为八集，都为一编。"

〔异体〕披榛之采

【沅芷澧兰】

〔语源〕语出《楚辞·九歌·湘夫人》："沅有芷兮澧有兰，思公子兮未敢言。"王逸注："言沅水之中，有盛茂之芷；澧水之内，有芬芳之兰。异于众草，以兴湘夫人美好，亦异于众人也。"

［解义］意谓生长在沅江、澧江两岸的芳草。比喻高洁的人或事物。
［例句］清·金农《寄岳州黄处士》："沅芷澧兰骚客远，朱桥粉郭酒人疏。"
［异体］沅芷湘兰、澧兰沅芷、沅芷湘兰、沅芷江蓠、江蓠沅芷

3. 专门用来形容少年、晚辈的才华品质

【桂子兰孙】

［语源］语出唐·徐观《易定节度押衙充知军兼监察御史上柱国张公故夫人墓志》："昭昭史氏，弈弈侯王。桂子兰孙，枝馨叶芳。"
［解义］桂、兰：皆形容优异。形容优异的子孙。多用作对他人子孙的美称。
［例句］宋·赵善括《醉蓬莱·寿司马大监生日》："和气回春，滟一尊芳酒。桂子兰孙，凤歌鸾舞，介我公眉寿。"
元·汤显祖《紫箫记·就婚》："黼帐流苏度百年，作夫妻天长地远，还愿取桂子兰孙满玉田。"
［异体］桂子兰芽、兰孙桂子

【芝兰玉树】

［语源］语出晋·裴启《裴子语林》："谢太傅（安）问诸子侄曰：'子弟何预人事，而正欲使其佳？'诸人莫有言者。车骑（谢玄）答曰：'譬如芝兰玉树，欲其生于庭阶也。'"
［解义］比喻优秀子弟或完美人物。
［例句］唐·严识元《潭州都督杨志本碑》："幡旗长戟，门巷纷纷，芝兰玉树，阶庭锵锵。"
宋·廖行之《水调歌头·寿邓彦麟》："堂上瑶池仙姥，庭下芝兰玉树，好事萃于门。"
［异体］玉树芝兰、玉树盈阶、谢庭兰玉

【兰芽玉茁】

［语源］唐·韩鄂《岁华纪丽·二月》："兰芽吐玉，柳眼挑金。"
［解义］意谓兰的嫩芽如同美玉一样茁壮挺秀。比喻英俊的儿童、青少年健壮地成长；也指人才杰出、英姿焕发。
［例句］清·吴伟业《孙母郭孺人寿序》："今两家子弟，兰芽玉茁，而孝若掇上第，就显官，过家休沐，拜母上觞，乡里聚观，以为盛事。"
［异体］兰芽玉喷、兰芽初茁、兰芽竞秀、兰芽桂枝

【谢兰燕桂】

〔语源〕语由“谢兰”与“燕桂”二典组合而成。“谢兰”为“谢庭兰玉”的省略，见“芝兰玉树”条。“燕桂”典出北宋·释文莹《玉壶清话》卷二：“窦禹钧生五子：仪、俨、侃、偁、僖等，相继登科，冯瀛王（冯道）赠禹钧诗，有‘灵椿一株老，丹桂五枝芳’。时号‘燕山五龙’。”

〔解义〕比喻能光耀门庭的子侄辈。

〔例句〕清·新广东武生《黄萧养回头》卷三：“将来长大成人，定是谢兰燕桂。”

【兰桂齐芳】

〔语源〕语出北朝魏·温子升《印山寺碑》：“大丞相渤海王膺岳渎之灵，感辰象之气，直置与兰桂齐芳，自然共圭璋比洁。”

〔解义〕意谓兰花和桂花争奇斗艳，一齐放出芳香。比喻子孙兴旺发达，个个出类拔萃。

〔例句〕明·胡文焕《群音类选·百顺记·王曾祝寿》：“重九，美景当酬。娇黄嫩白，恐对花貌成羞。风外柔枝，袅娜似敬衫袖。与阶前兰桂齐芳，应堂上椿萱同茂。”

《红楼梦》第一百二十回：（甄士隐道）“现今荣宁两府，善者修缘，恶者悔祸，将来兰桂齐芳，家道复初，也是自然的道理。”

〔异体〕兰桂腾芳、兰蕙腾芳、芳兰桂馥

4. 专指女子的品格或仪容

【蕙心兰质】

〔语源〕南朝宋·鲍照《芜城赋》：“东都妙姬，南国丽人，蕙心纨质，玉貌绛唇。”

〔解义〕意谓如同蕙草般的心地，兰草般的品性。比喻女子心地纯真，品格高洁。

〔例句〕唐·王勃《七夕赋》：“荆艳齐升，燕佳并出，金声玉韵，蕙心兰质。”

元·吴莱《题钱舜举〈张丽华侍女汲井图〉》：“井泥无波井兰缺，半点胭脂污绯雪。蕙心兰质吹作尘，目断寒江锁江铁。”

〔异体〕蕙心兰态、蕙心纨质、蕙情兰抱、蕙性兰心、蕙质兰心、蕙质兰情、蕙质兰襟、蕙质兰姿、纨质蕙心、兰心蕙性、兰情蕙性、兰态蕙心、兰仪蕙质、兰姿蕙质、兰姿蕙性、兰姿蕙魄

【吹气如兰】

〔语源〕语本宋玉《神女赋》：“陈嘉辞而云对兮，吐芬芳其若兰。”

〔解义〕意谓呼出的气如芳香的兰花。

引申义：①形容美女的气息香气袭人。

②形容诗文语句清新秀逸。

［例句］清·袁枚《桃源行有序》："四顾无人忽有声，一双玉女来烟里。吹气如兰前致词，道郎来到妾先知。"

清·陈裴之《湘烟小录·闰湘居士序》："个侬吹气如兰，奉身如玉。"

［异体］吹气胜兰、吐气如兰、芳气胜兰、气吐幽兰、气胜幽兰、气馥如兰、气息吹兰、幽兰吹气、如兰气吐、吐气若兰

【芳兰之姿】

［语源］语出《楚辞·招魂》："姱容修态，絙洞房些。"（絙：亘，连贯两头。些：语助词，无义。）王逸注："言复有美好之女，其貌姱好，多意长智，群聚罗列，竟识洞达，满于房室也。"

［解义］意谓姿质像芬芳的兰花一样秀丽高洁。

［例句］唐·李季平《唐故金紫光禄大夫试太子詹事兼晋州刺史上柱国陇西郡开国公墓志铭序》："夫人荥阳郑氏，芳兰之姿，坚冰之操，中年不幸，先公而亡。"

［异体］芳姿艳态、艳质芳姿、姱容修态、冶容媚态、冶容柔态、丽质冶容

5. 用以表达爱情

【采兰赠芍】

［语源］语本《诗经·郑风·溱洧》："溱与洧，方涣涣兮，士与女，方秉蕑兮，女曰观乎，士曰既且，且往观乎，洧之外，洵訏且乐，维士与女，伊其相谑，赠之以勺药。"

［解义］訏：音xū，广阔。蕑：音jiān，指兰花。勺药：即"芍药"，一种香草。泛指男女之间互赠礼物以表示情爱。

［例句］清·吴敬梓《儒林外史》第三十四回："怪道前日老哥同老嫂在桃园大乐，这就是你弹琴饮酒，采兰赠芍的风流了。"

清·俞樾《右台仙馆笔记》卷三："碧玉小家之女，又居采兰赠芍之乡，而坚白自持如此。"

［异体］采兰赠药、赠芍采兰

【并蒂兰葩】

［语源］语本"并蒂芙蓉"，出唐·杜甫《进艇》："俱飞蛱蝶元相逐，并蒂芙蓉本自双。"

［解义］蒂：花或瓜果与枝茎相连的部分。兰葩：兰花。意谓犹如共生于一个蒂上的一对兰花。比喻恩爱夫妻或情侣。

［例句］清·吴绮《五彩结同心·贺鹤问次韵》："谁访山阴雪，如卿者、才调浊世

称佳。水嬉湖畔寻芳去，清狂甚、碧楼红牙。谁知道琼霜夜杵，裁成并蒂兰葩。”

〔异体〕并蒂芙蓉、并蒂莲开、并蒂花开、并头连理、芙蓉并蒂、芙蕖并蒂、花开并蒂、花开并头

【兰情蕙盼】

〔语源〕语出宋·吴文英《瑞鹤仙》：“正旗亭烟冷，河桥风暖。兰情蕙盼，惹相思、春根酒畔。”

〔解义〕形容女子对意中人的情爱和期盼。

〔例句〕宋·仇远《琐窗寒》：“兰情蕙盼，付与栖鸾消息。奈无情、风雨做愁，帐镫闪闪春寂寂。”

〔异体〕兰情红盼

【兰因絮果】

〔释词〕兰因：兰花香气宜人，因以比喻美好的因缘。絮果：柳絮易于飘扬飞散，因以其比喻离散的后果。

〔语源〕语由“兰因”与“絮果”组合而成。“兰因”源自《左传·宣公三年》：“郑文公有贱妾曰燕姞，梦天使与己兰，曰：‘……以是为而子，以兰有国香，人服媚之如是。’既而……生穆公，名之曰兰。”“絮果”源自宋·苏轼《水龙吟·次韵章质夫杨花词》：“细看来，不是杨花，点点是离人泪。”（杨花：柳絮。）或宋·李南金《贺新郎·感怀》：“君看取、落花飞絮，也有吹来穿绣幌，有因风、飘坠随尘土。”

〔解义〕比喻婚姻以美满开始，以悲剧告终。

〔例句〕明·无名氏《小青传》：“夫屠肆菩心，饿狸悲鼠，此直供其换马，不即辱以当垆。去则弱絮风中，住则幽兰霜里。兰因絮果，现业维深。”

清·袁通《虞美人·秋夜对月有感》：“月光如水又三更，转尽回廊少个倚阑人。兰因絮果分明甚，弹指凭谁问？”

〔异体〕兰絮因缘、絮果兰因

6. 交友之道

【金兰之契】

〔语源〕《周易·系辞上》：“二人同心，其利断金；同心之言，其臭如兰。”孔颖达疏：“二人若同齐其心，其纤利能断截于金。金是坚刚之物，能断而截之，盛言利之甚也。”

〔解义〕臭：气味。意谓彼此情投意合得如同金子般牢固，兰香般浓郁。比喻始终不

渝、诚挚深厚的交情。

［例句］《晋书·苻生载记》："晋王思与张王齐曜大明，交玉帛之好，兼与君公同金兰之契，是以不远而来，有何怪乎！"

唐·李德裕《唐故左神策军护军中尉兼左街功德使知内侍省事刘公神道碑铭序》："检校司空王公谔之授钺河东也，改内给事，为之护军。以金兰之契，睦于元帅；以泉海之量，接于宾僚。"

宋·张孝祥《下定书》："门馆游从，早托金兰之契；衣冠歆艳，共称冰玉之贤。"

［异体］金兰之交、金兰之好、金兰之友、金兰之分、金兰之诚、金兰笃好、金兰交契、金兰投分、断金之契、契结金兰、契若金兰、契合金兰、谊订金兰、谊若金兰、交情兰臭、兰茝深交、义结金兰、同心若兰

7. 引申代称

【含香握兰】

［语源］语或本"怀香握兰"，出自汉·应劭《汉官仪》："尚书郎含鸡舌香伏奏事，黄门郎对揖跪受。故称尚书郎怀香握兰，趋走丹墀。"

［解义］原指年老尚书郎为防口臭，奏事答对时口含鸡舌香，手握兰草，以使气息芬芳。引申以代指职近尚书郎的官员。

［例句］唐·田义晊《先圣庙堂碑》："才优武库，当朝服元凯之名；时号智囊，百代识文强之价。一台归妙，始含香而握兰；独坐生风，更避车而住楫。"

唐·韦处厚《翰林院厅壁记》："汉时始置尚书郎五人，平天下奏议，分直建礼，含香握兰，居锦帐，食太官，则今之翰林，名异而实同也。"

［异体］握兰怀芸

【桂楫兰桡】

［语源］屈原《楚辞·九歌·湘君》："桂棹兮兰枻，斫冰兮积雪。"

［解义］棹：船桨。枻：船。形容精美名贵的船桨和船。

［例句］清·曹雪芹《红楼梦》第十八回："船上又有各种盆景，珠帘绣幕，桂楫兰桡，自不必说了。"

【吉梦征兰】

［释词］吉梦：吉祥的梦。征兰：梦到兰花的征兆。

［语源］《左传·宣公三年》："初，郑文公有贱妾曰燕姞，梦天使与己兰，曰：'余为伯鯈，余，而祖也。以是为而子，以兰有国香，人服媚之如是。'既而文公见之，与之兰而御之。辞曰：'妾不才，幸而有子，将不信，敢征兰

乎？’公曰：‘诺。’生穆公，名之曰兰。”

〔解义〕原指郑文公之妾燕姞梦见天使授其兰花，结果生下了郑穆公。引申泛指妇女身怀有孕将生佳儿的吉兆。

〔例句〕清·汪懋麟《锦瑟词》：“愿同心吉梦早征兰，看生儿衮衮。”

清·黄遵宪《己亥杂诗》其三十一：“华灯挂壁祝添丁，吉梦征兰笑语馨。”

〔异体〕吉梦兰兆、燕梦征兰、兰梦之征、兰梦空征、兰梦无凭

【荷衣蕙带】

〔语源〕语出屈原《楚辞·九歌·少司命》：“荷衣兮蕙带，倏而来兮忽而逝。”

〔解义〕意谓身穿荷叶之衣，腰系蕙草之带。原指仙人的衣着。引申以转指高人隐士的衣着或高人隐士。

〔例句〕唐·李观《与张宇侍御书》：“如理以为当，言之可行，请驰一介之使，问三迳之客，即荷衣蕙带，以趋下风。”

〔异体〕荷裳蕙带、蕙带荷衣、芰衣荷裳、芰制荷衣

8. 形容忧伤、悲痛

【兰成憔悴】

〔语源〕《周书·庾信传》：“信虽位望通显，常有乡关之思。乃作《哀江南赋》以致其意云。”

〔解义〕兰成：北周庾信的小名。多表示身世飘零的人因乡思怀人而忧伤愁闷。

〔例句〕宋·周邦彦《大酺·越调春雨》：“行人归意速。最先念、流潦妨车毂。怎奈向、兰成憔悴，卫玠清羸，等闲时、易伤心目。”

宋·袁去华《踏莎行》：“天际归舟，云中烟树。兰成憔悴愁难赋。”

〔异体〕兰成愁悴、兰成易老、庾郎愁绝、愁损兰成、憔悴兰成、空老兰成、老去兰成

【芝焚蕙叹】

〔语源〕语出晋·陆机《叹逝赋》：“信松茂而柏悦，嗟芝焚而蕙叹；苟性命之弗殊，岂同波而异澜？”

〔解义〕意谓芝草被烧，蕙草嗟叹。比喻同类遭遇不幸而痛惜悲伤或物伤其类。

〔例句〕南朝·梁元帝《答晋安王叙南康简王薨书》：“志冀双鸾之集，遽切四鸟之悲。松茂柏悦，夙昔欢抃；芝焚蕙叹，今用呜咽!”

北朝周·庾信《思旧铭序》：“瓶罄罍耻，芝焚蕙叹。”（罄：空，用尽。罍：酒器。）

唐·骆宾王《伤祝阿王明府序》：“或协契筌蹄，投心胶漆，如比肩于千

里，遽伤魂于九原。既切芝焚，弥深蕙叹。”

〔异体〕蕙叹芝焚

9. 其他

【兰艾杂揉】

〔语源〕语或本“混杂兰艾”，出自晋·殷茂《上言宜令清官子姪入学》：“臣闻旧制，国子生皆冠族华胄，比列皇储。而中者混杂兰艾，遂令人情耻之。”

〔解义〕比喻不同品质的人或事物混杂在一起。

〔例句〕《晋书·司马休之传》：“若大军相临，交锋接刃，兰艾杂揉，或恐不分。”

〔异体〕兰艾杂处、兰艾相杂、兰艾不分、兰艾难分

【兰形棘心】

〔语源〕三国魏·程晓《女典篇》：“若夫丽色妖容，高才美辞，貌足倾城，言以乱国。此乃兰形棘心，玉曜瓦质，在邦必危，在家必亡。”

〔解义〕意谓外形如同兰草，内心好似荆棘。比喻外表美好和善，内心卑鄙险恶。

〔例句〕清·朱彝尊《竹坨诗话》卷下：“伯玉省诗凄怆，不人锁院而返。足以见伉俪之重矣。传闻生有外行，未免兰形棘心。”

【迁兰变鲍】

〔语源〕《孔子家语·六本》：“与善人居，如入芝兰之室，久而不闻其香，即与之化矣；与不善人居，如入鲍鱼之肆，久而不闻其臭，亦与之化矣。”

〔解义〕比喻潜移默化。

〔例句〕《南史·恩幸传论》：“探求恩色，习睹威颜，迁兰变鲍，久而弥信。”

第七章 兰辞幽韵
——兰的诗词华章

孔子有《猗兰操》："习习谷风，以阴以雨。之子于归，远送于野。"

屈原有《少司命》："秋兰兮麋芜，罗生兮堂下。"

李白有《古风》："孤兰生幽园，众草共芜没。"

苏轼有《题杨次公春兰》："春兰如美人，不采羞自献。"

古人爱兰、养兰、艺兰，并咏兰、颂兰、赞兰，此部分收集了古人赞颂兰花的诗词美句，以供读者欣赏。

猗兰操 春秋鲁·孔丘

猗兰操者，孔子所作也。孔子历聘诸侯，诸侯莫能任，自卫反鲁，过隐谷之中，见芗兰独茂。喟然叹曰："夫兰当为王者香，今乃独茂，与众草为伍，譬犹贤者不逢时，与鄙夫为伦也。"乃止车援琴鼓之云：

习习谷风，以阴以雨。之子于归，远送于野。

何彼苍天，不得其所。逍遥九州，无所定处。

世人暗蔽，不知贤者。年纪逝迈，一身将老。

自伤不逢时，托辞于芗兰云。

——东汉·蔡邕《琴操》卷上

〔注释〕
操：古琴曲。
暗蔽：愚昧蔽塞。
芗：音xiāng。同“香”。

楚辞·九歌·少司命　战国楚·屈原

秋兰兮麋芜，罗生兮堂下。
绿叶兮素枝，芳菲菲兮袭予。
夫人兮自有美子，荪何以兮愁苦。
秋兰兮青青，绿叶兮紫茎。
满堂兮美人，忽独与余兮目成。
入不言兮出不辞，乘回风兮载云旗。
悲莫悲兮生别离，乐莫乐兮新相知。
荷衣兮蕙带，倏而来兮忽而逝。
夕宿兮帝郊，君谁须兮云之际。
与女游兮九河，冲风至兮水扬波。
与女沐兮咸池，晞女发兮阳之阿。
望美人兮未来，临风怳兮浩歌。
孔盖兮翠旌，登九天兮抚彗星。
竦长剑兮拥幼艾，荪独宜兮为民正。
——《楚辞》第二
〔注释〕
少司命：星名，文昌的第四星。
麋芜、荪：香草名。
罗：排列，分布。
素枝：无花的枝。
倏：忽然，速度很快。
咸池：神话中谓日浴之处。
晞：音xī。晒干。
女：即少司命。
阿：山边，水边。
怳：音huǎng。心神不定，失意的样子。
孔盖：用孔雀的翅膀做成的车盖。
翠旌：用翡翠鸟羽毛制成的旌旗。

楚辞·九歌·礼魂　战国楚·屈原

成礼兮会鼓，传芭兮代舞，姱女倡兮容与。
春兰兮秋菊，长无绝兮终古。
——《楚辞》第二
〔注释〕
芭：音pā。通“葩”，指花。
姱：音kuā。美丽，美好。

怨诗　后汉·张衡

秋兰，嘉美人也。嘉而不获，用故作是诗也。
猗猗秋兰，植彼中阿。有馥其芳，有黄其葩。
虽曰幽深，厥美弥嘉。之子之远，我劳如何。
——《太平御览》卷九八三
〔注释〕
中阿：半山腰。
馥：音fù。香气浓郁。
葩：音pā。植物的花。

咏蕙诗　三国魏·繁钦

蕙草生山北，托身失所依。植根阴崖侧，夙夜惧危颓。
寒泉浸我根，凄风常徘徊。三光照八极，独不蒙余晖。
葩叶永雕瘁，凝露不暇晞。百卉皆含荣，己独失时姿。
比我英芳发，鶗鴂鸣已哀。
——《艺文类聚》卷八一
〔注释〕
徘徊：回旋往返。
余晖：日光。
暇：闲暇，空闲。
鶗鴂：音tí jué。也作鹈鴂，杜鹃鸟。

四言诗　三国魏·嵇康

猗猗兰蔼，殖彼中原。绿叶幽茂，丽藻丰繁。
馥馥蕙芳，顺风而宣。将御椒房，吐薰龙轩。
瞻彼秋草，怅矣惟骞。

——《嵇康集》卷一

〔注释〕

猗猗：花色美盛的样子。

蔼：同“霭”，此处指兰花丛有如云雾。

殖：通植。

宣：扩散。

馥馥：形容香气很浓。

椒房：后妃居住的宫室。

龙轩：帝王车驾。

骞：仰首貌。

古艳歌　后汉·佚名

兰草自生香，生于大道傍。
十月钩帘起，并在束薪中。

——《匡谬正俗》卷七

〔注释〕

束薪：捆绑在一起的草木。

饮酒诗　晋・陶潜

幽兰生前庭，含薰待清风。清风脱然至，见别萧艾中。
行行失故路，任道或能通。觉悟当念还，鸟尽废良弓。
——《陶渊明集》卷三

〔注释〕
萧艾：草名，有臭味。

秋兰篇　晋・傅玄

秋兰荫玉池，池水清且芳。芙蓉随风发，中有双鸳鸯。
双鱼自踊跃，两鸟时回翔。君期历九秋，与妾同衣裳。
——《玉台新咏》卷二

紫兰始萌诗　南朝梁・萧衍

种兰玉台下，气暖兰始萌。芬芳与时发，婉转迎节生。
独使金翠娇，偏动红绮情。二游何足怀，一顾非倾城。
羞将苓芝侣，岂畏鶗鴂鸣。
——《玉台新咏》卷七

〔注释〕
绮：音qǐ。原指有花纹的丝织品，后用来形容物品华丽，美盛。
侣：同伴、伙伴。

赋得兰泽多芳草诗　南朝梁・萧绎

春兰本无绝，春泽最葳蕤。燕姬得梦罢，尚书奏事归。
临池影入浪，从风香拂衣。当门已芬馥，入室更芳菲。
兰生不择迳，十步岂难稀。
——《初学记》卷二七

〔注释〕
葳蕤：音wēiruí。草木茂盛，枝叶下垂的样子。
燕姬得梦：燕姬，名叫燕姞，春秋时郑文公的妾氏，梦见天上使者送给她兰花，并因此受宠怀孕，生下公子兰。
尚书奏事：应劭《风俗通》曰：“尚书奏事，怀香握兰。”

咏兰诗　南朝梁·萧詧

折茎聊可佩，入室自成芳。
开花不竞节，含秀委微霜。
——《初学记》卷二七

赋新题得兰生野径　南朝陈·张正见

披襟出兰畹，命酌动幽心。锄罢还开路，歌喧自动琴。
华灯共影落，芳杜杂花深。莫言闲径里，遂不断黄金。
——《初学记》卷二七
〔注释〕
兰畹：种兰的花圃。

芳兰　唐·李世民

春晖开紫苑，淑景媚兰场。映庭含浅色，凝露泫浮光。
日丽参差影，风传轻重香。会须君子折，佩里作芬芳。
——《全唐诗》卷一
〔注释〕
春晖：春日的阳光。
泫：流动。

兰　唐·李峤

虚室重招寻，忘言契断金。英浮汉家酒，雪俪楚王琴。
广殿轻香发，高台远吹吟。河汾应擢秀，谁肯访山阴。
——《全唐诗》卷六〇
〔注释〕
契：盟约。感情、志趣投合的朋友。

河汾：黄河与汾河的并称。
擢：音zhuó。提拔，提升。

感遇　唐·陈子昂

兰若生春夏，芊蔚何青青。幽独空林色，朱蕤冒紫茎。
迟迟白日晚，袅袅秋风生。岁华尽摇落，芳意竟何成。
——《全唐诗》卷八三
〔注释〕
芊蔚：草木茂盛貌。
蕤：花。

园中时蔬尽皆锄理，唯秋兰数本委而不顾。彼虽一物，有足悲者。遂赋二章　唐·张九龄

场藿已成岁，园葵亦向阳。兰时独不偶，露节渐无芳。
旨异菁为蓄，甘非蔗有浆。人多利一饱，谁复惜馨香。

幸得不锄去，孤苗守旧根。无心羡旨蓄，岂欲近名园。
遇赏宁充佩，为生莫碍门。幽林芳意在，非是为人论。
——《全唐诗》卷四八
〔注释〕
藿：音huò。香草名，即藿香。
菁：音jīng。菜名，即蔓菁。

古风　唐·李白

孤兰生幽园，众草共芜没。虽照阳春晖，复悲高秋月。
飞霜早淅沥，绿艳恐休歇。若无清风吹，香气为谁发。
——《全唐诗》卷六一
〔注释〕
芜没：掩没在荒草间。
淅沥：象声词。

于五松山赠南陵常赞府 唐·李白

为草当作兰，为木当作松。兰秋香风远，松寒不改容。
松兰相因依，萧艾徒丰茸。鸡与鸡并食，鸾与鸾同枝。
拣珠去沙砾，但有珠相随。远客投名贤，真堪写怀抱。
若惜方寸心，待谁可倾倒。虞卿弃赵相，便与魏齐行。
海上五百人，同日死田横。当时不好贤，岂传千古名。
愿君同心人，于我少留情。寂寂还寂寂，出门迷所适。
长铗归来乎，秋风思归客。

——《全唐诗》卷一七一

〔注释〕

虞卿、魏齐：《史记·范雎列传》记载：秦昭王要为范雎报仇，便给赵孝成王下书说，范雎的仇人魏齐躲在平原君府中，我遣使者来取他的人头，不然就举兵攻赵。赵孝成急忙派兵围住平原君家。魏齐连夜逃到宰相虞卿处，虞卿觉得赵王是不可说服的，便解其相印，与魏齐一起逃亡了。

赠友人 唐·李白

兰生不当户，别是闲庭草。夙被霜露欺，红荣已先老。
谬接瑶华枝，结根君王池。顾无馨香美，叨沐清风吹。
余芳若可佩，卒岁长相随。

——《全唐诗》卷一七一

〔注释〕

谬：音miù。谬误，差错。

叨：音tāo。承受，虚词。

猗兰操 唐·韩愈

孔子伤不逢时作。

兰之猗猗，扬扬其香。不采而佩，于兰何伤。
今天之旋，其曷为然。我行四方，以日以年。
雪霜贸贸，荠麦之茂。子如不伤，我不尔觏。
荠麦之茂，荠麦之有。君子之伤，君子之守。

——《全唐诗》卷三三六

〔注释〕
猗猗：姿态柔美。
扬扬：飘扬，飘逸貌。
贸贸：纷乱的样子。
荠：草本植物，花白色，嫩叶可食。
觏：音gòu。遇见，看见。

春暮思平泉杂咏·花药栏　唐·李德裕

花药四时相续，常可留玩。
蕙草春已碧，兰花秋更红。四时发英艳，三径满芳丛。
秀色濯清露，鲜辉摇惠风。王孙未知返，幽赏竟谁同。
——《全唐诗》卷四七五
〔注释〕
濯：音zhuó。清洗，祛除。

听幽兰　唐·白居易

琴中古曲是幽兰，为我殷勤更弄看。
欲得身心俱静好，自弹不及听人弹。
——《全唐诗》卷四四九

令狐相公见示新栽蕙兰二草之什兼命同作　唐·刘禹锡

上国庭前草，移来汉水浔。朱门虽易地，玉树有余阴。
艳彩凝还泛，清香绝复寻。光华童子佩，柔软美人心。
惜晚含远思，赏幽空独吟。寄言知音者，一奏风中琴。
——《全唐诗》卷三
〔注释〕
汉水：河名。
浔：音xún。水边。

兰二首 唐·唐彦谦

清风摇翠环，凉露滴苍玉。
美人胡不纫，幽香蔼空谷。

谢庭漫芳草，楚畹多绿莎。
于焉忽相见，岁晏将如何。
——《全唐诗》卷六七一

〔注释〕
纫：缝、缀。
蔼：笼罩，布满。
谢庭：喻子弟优秀之家。
楚畹：语出《楚辞》：“余既滋兰之九畹兮，又树蕙之百亩。”泛指兰圃。
绿莎：绿色的莎草。
岁晏：一年将尽的时候，或指人的暮年。

兰溪 唐·杜牧

兰溪春尽碧泱泱，映水兰花雨发香。
楚国大夫憔悴日，应寻此路去潇湘。
——《全唐诗》卷五二二

〔注释〕
泱泱：广阔，无边际。

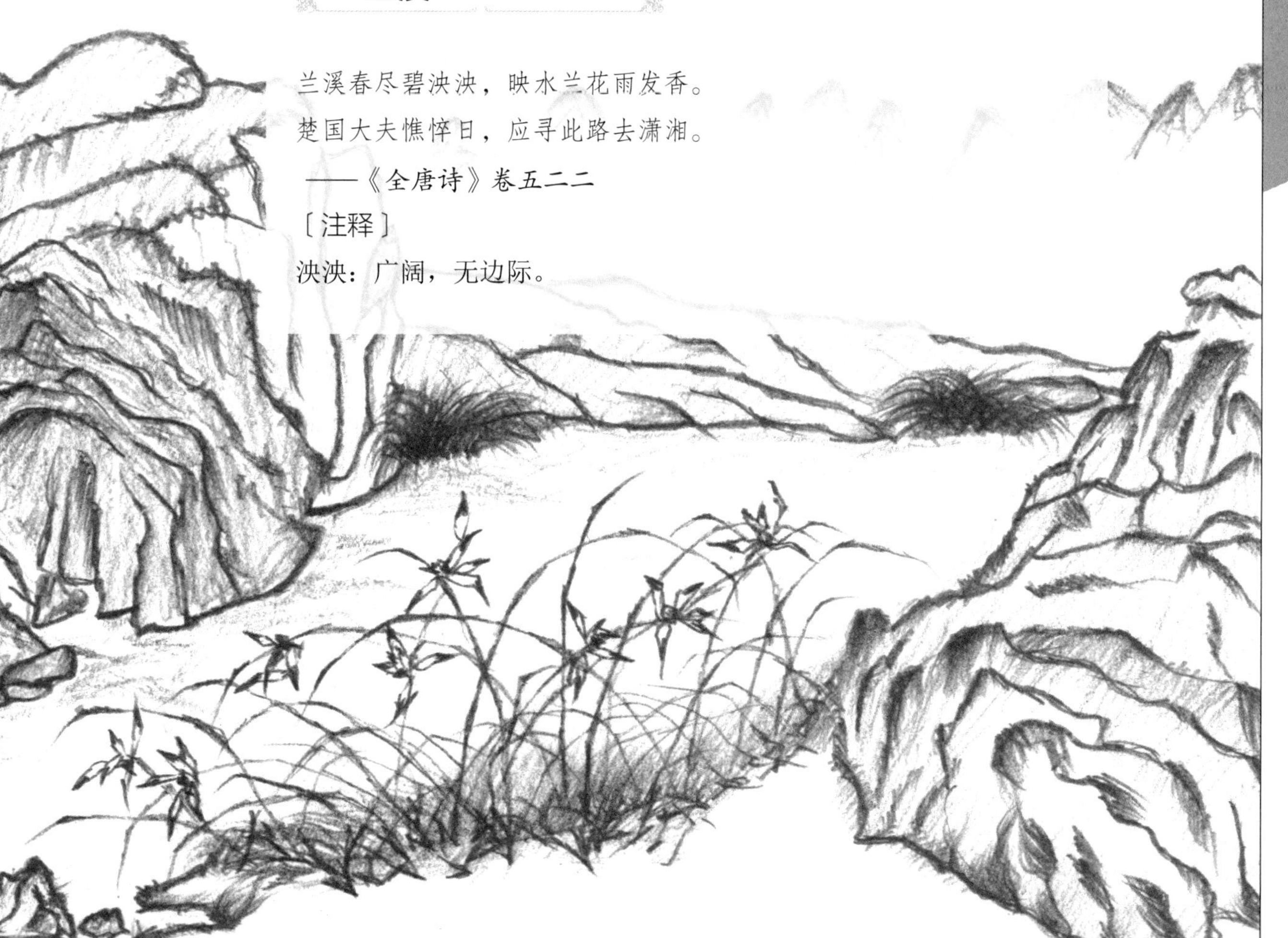

和令狐侍御赏蕙草　唐·杜牧

寻常诗思巧如春，又喜幽亭蕙草新。
本是馨香比君子，绕栏今更为何人。
——《全唐诗》卷五二四
〔注释〕
侍御：官名，唐代称殿中侍御史、监察御史为侍御。

幽兰　唐·崔涂

幽植众宁知，芬芳只暗持。自无君子佩，未是国香衰。
白露沾长早，春风到每迟。不如当路草，芬馥欲何为。
——《全唐诗》卷六七九

山寺律僧画兰竹图　唐·牟融

偶来绝顶兴无穷，独有山僧笔最工。绿径日长袁户在，紫茎秋晚谢庭空。
离花影度湘江月，遗佩香生洛浦风。欲结岁寒盟不去，忘机相对画图中。
——《全唐诗》卷四六七
〔注释〕
洛浦：洛水之滨。

清露被皋兰　唐·孙顾

九皋兰叶茂，八月露华清。稍与秋阴合，还将晓色并。
向空罗细影，临水泫微明。的皪添幽兴，芊绵动远情。
夕芳人未采，初降鹤先惊。为感生成惠，心同葵藿倾。
——《全唐诗》卷七七九
〔注释〕
九皋：深远的水泽淤地。皋，音gāo，指水边地。
泫：音xuàn。水珠下滴。
的皪：光亮、鲜明。的，音dì。皪，音lì。
芊绵：草木茂盛，绵延不绝。芊，音qiān。

种兰　五代南唐·陈陶

种兰幽谷底，四远闻馨香。春风长养深，枝叶趁人长。
智水润其根，仁锄护其芳。蒿藜不生地，恶鸟弓已藏。
椒桂夹四隅，茅茨居中央。左邻桃花坞，右接莲子塘。
一月薰手足，两月薰衣裳。三月薰肌骨，四月薰心肠。
幽人饥如何，采兰充糇粮。幽人渴如何，酝兰为酒浆。
地无青苗租，白日如散王。不尝仙人药，端坐红霞房。
日夕望美人，佩花正煌煌。美人久不来，佩花徒生光。
刈获及葳蕤，无令见雪霜。清芬信神鬼，一叶岂可忘。
举头愧青天，鼓腹咏时康。下有贤公卿，上有圣明王。
无阶答风雨，愿献兰一筐。

——《全唐诗》卷七四五

〔注释〕

智水：对水的美称。“智者乐水，仁者乐山”。

蒿藜：蒿和藜，泛指杂草，野草。

椒桂：椒与桂，皆为香木。比喻贤人。

茅茨：简陋的房子。

坞：四面如屏的花木深处。

糇粮：干粮，粮食。

煌煌：光彩夺目貌。

刈获：刈，音yì。收割，收获。

鼓腹：拍打腹部，以应歌节。

山居　宋·丁谓

雷化以南，山多凌零藿香，芬芳袭人，动或数里。

峒口清香彻海滨，四时芬馥四时春。
山多绿桂怜同气，谷有幽兰让后尘。
草解忘忧忧底事，花能含笑笑何人。
争如彼美钦天圹，长荐芳香奉百神。

——《宋文鉴》卷二四

〔注释〕

峒：音dòng。山洞，石洞。

钦：陈列。

圹：野外空旷处。

兰 宋·丁谓

彼美南陔子，其谁粉署郎。渥丹承露彩，绀绿泛风光。
屡结骚人佩，时飘郑国香。何须寻九畹，十步即芬芳。

——《诗渊》册二

〔注释〕

渥丹：润泽光艳的朱砂，形容面色红润。

绀：天青色，深青透红之色。

偶兴 宋·杨亿

芳兰滋九畹，萧蒿亦旁植。威凤翔丹山，鸱枭犹接翼。
雅琴歌南风，蛙鸣不容息。骊珠媚清川，鱼目光激射。
熏莸岂同器，云壤自悬隔。咄咄来逼人，蘮蒘止于棘。
发迹由屠沽，操心希桀跖。天形固残毁，吏曹尝摈斥。
狠羊远刀杌，黠马委衔策。心同溪壑险，恶比邱山积。
天听本聪明，神道忧正直。当用御魑魅，岂令为鬼蜮。
春喉鲁阳戈，钩颈子云戟。肉委饿虎蹊，尸投穷发北。
饥鹰砺吻啄，猰貐磨牙食。魂气絷酆都，膏血涂荒碛。
去草绝本根，决疽恣针石。所居必污潴，遗种尽刳剔。
渠魁已歼殄，非类弥怵惕。稂莠既芟夷，善苗渐滋殖。
君子益知命，视履如平昔。小人竞革音，灭身在漏刻。
尧民率可封，汤网从此释。永跻仁寿期，共造华胥域。

——《武夷新集》卷一

〔注释〕

鸱枭：音chīxiāo。鸱为猛禽，传说鸱食母，古人以为皆恶鸟，喻奸邪恶人。一说即猫头鹰。

屠沽：同“屠酤”，指屠户和卖酒的人。旧时因此种职业卑贱，也用以称出身寒微的人。

桀跖：夏桀和柳下跖的并称，泛指凶恶残暴的人。

杌：音wù。树桩。

黠：音xiá。狡猾。

鬼蜮：蜮，音yù。古代传说一种能含沙射人使人发病的动物，以鬼蜮并言指阴险害人的人。
猰貐：音yàyǔ。食人怪兽名，比喻凶恶之人。
絷：音zhí。拘囚，拘禁。
污潴：音wūzhū。蓄水之池。
渠魁：首领。
革音：变更恶声，改过迁善。
华胥域：寓言中的理想国。

和石昌言学士官舍十题·兰　宋·梅尧臣

楚泽多兰人未辩，尽以清香为比拟。
萧茅杜若亦莫分，唯取芳声袭衣美。
——《宛陵先生集》卷三二
〔注释〕
萧茅：艾蒿和白茅。
杜若：香草名。

幽兰　宋·文彦博

燕姞梦魂唯是见，谢家庭户本来多。
好将绿叶亲芳穗，莫把清芬借败荷。
避世已为骚客佩，绕梁还入郢人歌。
虽然九畹能香国，不奈三秋鹈鴂何。
——《文潞公文集》卷三
〔注释〕
郢人：指善歌者，歌手。

朱朝议移法云兰　宋·王安石

幽兰有佳气，千载闷山阿。
不出阿兰若，岂遭干闼婆。
——《临川先生文集》卷二六

〔注释〕
山阿：阿，音ē。小山，丘陵。
阿兰若：音译梵语，意译为寂静处或空闲处。原为比丘洁身修行之处，后为佛寺总称。
干闼婆：音译梵语，意译为香阴、寻香处。传说中乐神名，不食酒肉，唯寻香气作为滋养，且身上发出香气的男性神灵。

题杨次公春兰　宋·苏轼

春兰如美人，不采羞自献。时闻风露香，蓬艾深不见。
丹青写真色，欲补离骚传。对之如灵均，冠佩不敢燕。
——《苏文忠公诗编注集成》卷三二
〔注释〕
灵均：屈原字灵均。
蓬艾：蓬蒿和艾草，亦指杂草。
燕：接近。

题杨次公蕙　宋·苏轼

蕙本兰之族，依然臭味同。曾为水仙佩，相识楚辞中。
幻色虽非实，真香亦竟空。云何起微馥，鼻观已先通。
——《苏文忠公诗编注集成》卷三二
〔注释〕
鼻观：鼻孔，指嗅觉。

满江红·忧喜相寻　宋·苏轼

忧喜相寻，风雨过，一江春绿。巫峡梦，至今空有，乱山屏簇。何似伯鸾携德耀，箪瓢未足清欢足。渐粲然，光彩照阶庭，生兰玉。

幽梦里，传心曲。肠断处，凭他续。文君婿知否，笑君卑辱。君不见周南歌汉广，天教夫子休乔木。便相将，左手抱琴书，云间宿。
——《东坡词》卷上

［注释］
屏簇：从聚或堆集成团。
伯鸾：汉代梁鸿的字。梁鸿家贫好学，无意仕进，与妻子孟光共入霸陵山中，以耕织为业，夫妇相敬有礼，后以“伯鸾”借指隐逸不仕之人。
德耀：汉代梁鸿妻子孟光的字。
箪瓢：指饮食。箪，音dān，盛饭食的容器。
壻：通“婿”。

浣溪沙·游蕲水清泉寺　宋·苏轼

游蕲水清泉寺，寺临兰溪，溪水西流。
山下兰芽短浸溪。松间沙路净无泥。萧萧暮雨子规啼。
谁道人生无再少，门前流水尚能西。休将白发唱黄鸡。
——《东坡词》卷下

种兰　宋·苏辙

兰生幽谷无人识，客种东轩遗我香。
知有清芬能解秽，更怜细叶巧凌霜。
根便密石秋芳早，丛倚修筠午荫凉。
欲遗蘼芜共堂下，眼前长见楚词章。
——《栾城集》卷一三
［注释］
轩：房屋，常作书斋名。
筠：音yún。指竹子。
蘼芜：草名，叶子有香气。

次韵答人幽兰　宋·苏辙

幽花耿耿意羞春，纫佩何人香满身。
一寸芳心须自保，长松百尺有为薪。
——《栾城集》卷一三

〔注释〕
耿耿：明亮的样子。

答琳长老寄幽兰白术黄精三本二绝　宋·苏辙

谷深不见兰生处，追逐微风偶得之。
解脱清香本无染，更因一嗅识真如。
——《栾城集》卷一四
〔注释〕
真如：佛教用语，意思是真实如常，指万物的根源。

醉花阴　宋·仲殊

轻红蔓引丝多少。剪青兰叶巧。人向月中归，留下星钿，弹破真珠小。

等闲不管春知道。多着绣帘围绕。只恐被东风，偷得余香，分付闲花草。

——《全芳备祖前集》卷二三

浣溪沙　宋·仲殊

楚客才华为发扬。深林著意不相忘。梦成燕国正芬芳。
莫把品名闲拟议，且看青凤羽毛长。十分领取面前香。
——《全芳备祖前集》卷二三

清平乐·春兰用殊老韵　宋·毛滂

曲房青琐，浅笑樱桃破，睡起三竿红日过，冷了沈香残火。东风偏管伊家，剩教那与秾华，谁送一怀春思，玉台燕拂菱花。

——《东堂词》

藏春峡　宋·陈瓘

花落花开蝶自忙，琴闲书札日偏长。
我来不为看桃李，只爱幽兰静更香。
——《南平县志》卷二七

题善化陈令兰室　宋·释德洪

种性难教草掩藏，苍然小室为谁芳。
槲培几案轩窗碧，坐款宾朋笑语香。
糁地露英犹洁白，快人风度更纤长。
议郎嗜好清无滓，独有幽兰可比方。
——《石门文字禅》卷一二

〔注释〕

槲：音hú。树木的名称。

糁：音sǎn。散落，洒上。

兰室　宋·吕颐浩

秋兰馥郁有幽香，不谓无人不吐芳。
最好移根来一室，试纫幽佩意何长。
——《忠穆集》卷七

秋兰寄知县陈邦直　宋·王庭珪

昨夜西风茁紫芽，不应独著野人家。
安仁未倦栽桃李，添此清香一种花。
——《卢溪文集》卷二四

题梅兰图 宋·韩驹

幽兰不可见，罗生杂榛菅。微风一披拂，余香被空山。
凡卉与春竞，念尔意独闲。弱质虽自保，孤芳谅难攀。
高标如湘累，岁晚投澄湾。不须羡寒梅，粉骨鼎鼐间。
——《陵阳集》卷二

〔注释〕

榛菅：比喻丛生的茅草。

鼎鼐：鼎和鼐，古代两种烹饪器具。鼐，音nài。

秋兰词 宋·周紫芝

艺兰当九畹，兰生香满路。纫君身上衣，光明夺缣素。
孤芳一衰歇，凋零湿秋露。佩服得君子，亦足慰迟暮。
采摘良不辞，新枝忽成故。向来桃李场，红颜照当户。
纷纷自芳菲，荣枯复谁顾。
——《太仓稊米集》卷一

〔注释〕

缣素：细绢，可供书画。

种兰 宋·周紫芝

桃杏花中偶并栏，依然风味是幽兰。
莫因移种长安市，不作春山一样看。
——《太仓稊米集》卷二三

兰室 宋·李纲

尽道幽兰是国香，沐汤纫佩慕芬芳。
何如邂逅同心士，一吐胸中气味长。
——《梁溪集》卷三一

浣溪沙·宝林山间见兰　宋·向子諲

绿玉丛中紫玉条，幽花疏淡更香饶，不将朱粉污高标。
空谷佳人宜结伴，贵游公子不能招，小窗相对诵离骚。
——《酒边集》

次韵颖仲兰室之什　宋·李弥逊

黄卷青灯寄佛场，孤高如在远林芳。
下帷谁识传经董，载酒时过尚白扬。
华发同心犹有臭，青衿入室自知香。
公卿本是阶庭物，莫遣行藏异素王。
——《竹溪先生文集》卷一五

〔注释〕

青衿：穿青色衣服的人，多指青少年学子。

春日书斋偶成　宋·李弥逊

清氛远俗推兰友，直节过人见竹君。
慰我山城长寂寞，相期高卧敬亭云。
——《竹溪先生文集》卷一八

刘义夫欲与先陇植兰寄数根　宋·王十朋

思亲何忍陟南陔，采得幽兰只自哀。
寄与东山刘孝子，佳城侧畔好亲栽。
——《梅溪先生后集》卷六

〔注释〕

先陇：指祖先的坟墓。

陟：音zhì。登，由低处向高处走。

陔：音gāi。田埂。

点绛唇·国香兰　宋·王十朋

芳友依依，结根遥向深林外。国香风递。始见殊萧艾。雅操幽姿，不怕无人采。堪纫佩。灵均千载。九畹遗芳在。

——《梅溪诗余》

过宋玉宅　宋·王十朋

灵均遗宅尚兰畹，熊绎旧城空竹丛。

——钱钟书《宋诗纪事补正》卷五一

〔注释〕

熊绎：芈姓，事周成王，封于楚，居丹阳，为楚国之始者。

卜算子·兰　宋·曹组

松竹翠萝寒，迟日江山暮，幽径无人独自芳，此恨凭谁诉。

似共梅花语，尚有寻芳侣，着意闻时不肯香，香在无心处。

——《阳春白雪》卷四

蕙花初开五言　宋·杨万里

幽人非爱山，出山将何之。山居种兰蕙，岁寒久当知。

初艺止百亩，余地惜奚为。先生无广居，千岩一茅茨。

四面只艺蕙，中间才置锥。锐绿纷宿丛，修紫擢幼枝。

孤干八九花，一花破初蕤。西风淡无味，微度成香吹。

灯梦得幽馥，月写传静姿。我欲掇芳英，和露充晨炊。

眷然恻不忍，环玩自忘饥。岂无众花草，不愿秋不迟。

种时乱不择。岁晚悔可追。

——《诚斋集》卷一四

三花斛三首·右兰花　宋·杨万里

雪径偷开浅碧花，冰根乱吐小红芽。
生无桃李春风面，名在山林处士家。
政坐国香到朝市，不容霜节老云霞。
江蓠圃蕙非吾耦，付与骚人定等差。
——《诚斋集》卷二八

〔注释〕
耦：音ǒu，同“偶”。非偶，不为友之意。

兰花　宋·杨万里

护雨重重膜，凌霜早早春。三菲碧弹指，一笑紫翻唇。
野竹元同操，官梅晚卜邻。花中不儿女，格外更幽芬。
——《诚斋集》卷二九

兰　宋·陆游

南岩路最近，饭已时散策。香来知有兰，遽求乃弗获。
生世本幽谷，岂愿为世娱。无心托阶庭，当门任君锄。
——《剑南诗稿》卷三六

次韵温伯种兰　宋·范成大

灵均堕荒寒，采采纫兰手。九畹不留客，高丘一回首。
峥嵘路孔棘，凄怆肘生柳。遂令此粲者，永与穷愁友。
不如汤子远，情事只诗酒。但知爱国香，此外付乌有。
栽培带苔藓，披拂护尘垢。孤芳亦有遇，洒濯居座右。
君看深林下，埋没随藜莠。
——《石湖居士诗集》卷六

〔注释〕
峥嵘：高峻的样子。
孔棘：艰危，困窘。

濯：音zhuó。洗涤。

藜莠：藜、莠都是野草名，泛指野草。

奉同张敬夫城南二十咏·兰涧　宋·朱熹

光风浮碧涧，兰杜日猗猗。

竟岁无人采，含薰只自知。

——《晦庵先生朱文公文集》卷三

〔注释〕

猗猗：柔美，美好的样子。

西源居士斸寄秋兰小诗为谢　宋·朱熹

知有幽芳近水开，故攀危磴斸苍苔。

却怜病客空斋冷，带雨和烟远寄来。

——《晦庵先生朱文公文集》卷七

〔注释〕

危磴：高峻的石级山径。

斸：音zhú。掘，挖。

秋华四首·蕙　宋·朱熹

古所谓蕙，乃今之零陵香。今之蕙，不知起于何时也。

今花得古名，旖旎香更好。

适意欲忘言，尘编讵能考。

——《晦庵先生朱文公文集》卷九

〔注释〕

零陵香：香草名。宋·沈括《梦溪补笔谈》：“零陵香，本名蕙。古之兰蕙是也，又名薰。”

旖旎：音yǐnǐ。姿态优美。

尘编：古旧之书。

讵：副词，表示反问。

兰 宋·朱熹

谩种秋兰四五茎，疏帘底事太关情。
可能不作凉风计，护得幽香到晚清。
——《晦庵先生朱文公文集》卷十

秋兰香 宋·陈亮

未老金茎，些子正气，东篱淡伫齐芳。分头添样白，同局几般黄。向闲处，须一一排行。浅深饶间新妆。那陶令，漉他谁酒，趁醒消详。

况是此花开后，便蝶乱无花，管甚蜂忙。你从今，采却蜜成房，秋英诚商量。多少为谁，甜得清凉。待说破，长生真诀，要饱风霜。

——《佩文斋广群芳谱》卷五一

〔注释〕

漉：音lù。液体慢慢渗下。

题城南书院三十四咏其十 宋·张栻

移得幽兰几本来，竹篱深处手栽培。
芬芳不必纫为佩，月白风清取次开。
——《南轩先生文集》卷六

简见可觅画　宋·赵蕃

白头流落离骚国，香草虽多独嗜兰。
犹恨芳时有衰歇，要须貌取四时看。
——《淳熙稿》卷一七

次韵木伯初秋兰三首　宋·许及之

堪嗟堪惜是怀沙，占得秋兰作楚花。
世莫我知方自足，底将逝水送韶华。

芳洁清幽隐操中，兰兮消得小山丛。
略无酝藉惟岩桂，满院秋香一树风。

万蕊千葩角富豪，秋兰无处却为高。
蚤知捷径终南是，招隐当时不入骚。
——《涉斋集》卷一八

〔注释〕

酝藉：宽和有涵容。

谢天童老秋兰三首　宋·郑清之

楚畹春曾泛晓光，直留雅艳到虹藏。
山中不把一枝到，世外那闻千佛香。

秋色追随入慧光，肯携幽卉问行藏。
深林未省炎凉态，来为闲人特地香。

绿叶青青带紫光，拈来笑处没遮藏。
密圆应具楞严偈，非木非空出妙香。
——《安晚堂诗集》卷六

〔注释〕

青青：青，音jīng。形容颜色很青。

偈：佛经的唱颂词，通常以四句为一偈。

满江红·次韵西叔兄咏兰　宋·魏了翁

玉质金相，长自守，间庭暗室。对黄昏月冷，朦胧雾浥。知我者希常我贵，于人不即而人即。彼云云，谩自怨灵均，伤兰植。

鶗鴂乱，春芳寂。络纬叫，池英摘。惟国香耐久，素秋同德。既向静中观性分，偏于发处知生色。待到头，声臭两无时，真闻识。

——《鹤山先生大全文集》卷九四

〔注释〕

浥：音yì。润湿。

络纬：虫名。即莎鸡，俗名络丝娘、纺织娘。

浒以秋兰一盆为供　宋·戴复古

吾儿来侍侧，供我一秋兰。萧然出尘姿，能禁风露寒。
移根自岩壑，归我几案间。养之以水石，副之以小山。
俨如对益友，朝夕共盘桓。清香可呼吸，薰我老肺肝。
不过十数根，当作九畹看。

——《石屏诗集》卷一

皇后阁端午贴子词 宋·真德秀

晓来金殿沐兰汤，因感骚人兴寄长。
重劝君王勤采善，由来香草比忠良。
——《西山先生真文忠公文集》卷二三

兰 宋·刘克庄

深林不语抱幽贞，赖有微风递远馨。
开处何妨依藓砌，折来未肯恋金瓶。
孤高可挹供诗卷，素淡堪移入卧屏。
莫笑门无佳子弟，数枝濯濯映阶庭。
——《后村居士诗》卷三

〔注释〕

挹：音yì。推崇。

濯濯：音zhuó。明净清朗的样子。

咏邻人兰花　宋·刘克庄

两盆去岁共移来，一置雕阑一委苔。
我拙事持令叶瘦，君能调护遣花开。
隶人挑蠹巡千匝，稚子浇泉走几回。
亦欲效颦耘小圃，地荒终恐费栽培。
——《后村先生大全集》卷四

〔注释〕

雕阑：雕花彩饰的栏杆。

蠹：音dù。蛀虫。

记小圃花果·兰花　宋·刘克庄

清旦书窗外，深丛茁一枝。
人寻花不见，蝶有鼻先知。
——《后村先生大全集》卷三六

咏兰　宋·赵以夫

一朵俄生几案光，尚如逸士气昂藏。
秋风试与平章看，何似当时林下香。
——《全芳备祖前集》卷二三
〔注释〕
平章：辨别，品评。

《古·题兰诗》　宋·吴惟信

寒谷初消雪半林，紫花摇弄昼阴阴。
是谁曾见吹香处，千古春风楚客心。
——《全芳备祖前集》卷二三

和秋涧惠兰韵　宋·王柏

竹兰臭味古来同，同处元非造化工。
墨竹方生秋涧上，紫兰已到鲁斋中。
筑台移玉尊清惠，运笔挥金尚古风。
却似高人来找我，幽芬日日透帘栊。
——《鲁斋王文宪公文集》卷二

午酌对盆兰有感　宋·陈著

山中酒一樽，樽前兰一盆。兰影落酒卮，疑是湘原魂。
乘醉读离骚，意欲招湘原。湘原不可招，桃李花正繁。
春事已如此，难言复难言。聊借一卮酒，酹此幽兰根。
或者千载后，清香满乾坤。
——《本堂文集》卷二六
〔注释〕
卮：古代的一种酒器。
酹：音lèi。以酒浇地，表示祭奠。

秋日闲居　宋·张侃

兰以深而香，避世非吾忍。移根植堂下，遂使世人辴。
谁知秋华折，未许流声尽。即之色渐温，佩之芳愈敏。
因观太古音，试理幽兰引。幽兰本香草，名随四时泯。
奈何楚子孙，些只徒自窘。一枝三四叶，与人作标准。
——《拙轩集》卷一

〔注释〕

辴：音chǎn。笑。

兰花　宋·许棐

竹底松根惯寂寥，肯随桃李媚儿曹。
高名压尽离骚卷，不入离骚更自高。
——《梅屋詩稿》

买兰　宋·方岳

几人曾识离骚面，说与兰花枉自开。
却是樵夫生鼻孔，担头带得入城来。
——《秋崖先生小稿》卷五

国香·赋兰 宋·张炎

空谷幽人，曳冰簪雾带，古色生春，结根未同萧艾，独抱孤贞，自分生涯淡薄，隐蓬蒿、甘老山林。风烟伴憔悴，冷落吴宫，草暗花深。

霁痕消蕙雪，向崖阴饮露，应是知心，所思何处，愁满楚水湘云，肯信遗芳千古，尚依依、泽畔行吟。香痕已成梦，短操谁弹，月冷瑶琴。

——《山中白云》卷四

〔注释〕

霁：音jì。雨雪过后，天空放晴。

祝英台近·题陆壶天水墨兰石 宋·张炎

带飘飘，衣楚楚。空谷饮甘露。一转花风，萧艾遽如许。细看息影云根，淡然诗思，曾□被，生香轻误。

此中趣，能消几笔幽奇，羞掩众芳谱。薜老苔荒，山鬼竟无语。梦游忘了江南，故人何处，听一片，潇湘夜雨。

——《山中白云》卷七

〔注释〕

□：此字缺失。

薜：音bì。植物名。

清平乐 宋·张炎

兰曰国香，为哲人出，不以色香自炫，乃得天之清者也。楚子不作，兰今安在。得见所南翁枝上数笔，斯可矣。赋此以纪情事云。

孤花一叶。比似前时别。烟水茫茫无处说。冷却西湖残月。

贞芳只合深山。红尘了不相关。留得许多清影。幽香不到人间。

——《山中白云》卷八

蕙兰芳引　宋·吴文英

空翠染云，楚山迥，故人南北。秀骨冷盈盈，清洗九秋涧绿。奉车旧畹，料未许，千金轻侯。浅笑还不语，蔓草罗裙一幅。

素女情多，阿真娇重，唤起空谷。弄野色烟姿，宜扫怨蛾淡墨。光风入户，媚香倾国。湘佩寒，幽梦小窗春足。

——《梦窗词》

点绛唇·兰花　宋·姚述尧

潇洒寒林，玉丛遥映松篁底。风簪斜倚。笑傲东风里。一种幽芳，自有先春意。香风细。国人争媚。不数桃和李。

——《萧台公余词》

〔注释〕

篁：竹林，泛指竹子。

浣溪沙·兰　宋·杨泽民

一径栽培九畹成，丛生幽谷免攲倾。异芳止合在林亭。

馥郁国香难可拟，纷纭俗眼不须惊。好风披拂雨初晴。

——《和清真词》

〔注释〕

攲：音qī。倾斜。

谒金门·题沅州幽兰铺壁　宋·徐珌

秋欲暮，路入乱山深处，扑面西风吹雾雨，驿亭欣暂驻。可惜国香风度，空谷寂寥谁顾，已作竹枝传楚女，客愁推不去。

——《云谷杂记》卷三

七言绝句　金·侯善渊

太玄清兮月华飞，无极光兮月精归。
芝兰秀兮生玉溪，神功采兮谁得知。
——《正统道藏·上清太玄集》卷五
〔注释〕
无极：无穷，无边际。中国古代哲学中称派生宇宙万物的本源。
日精：太阳的精华。

西园得西字　金·冯延登

芳迳层峦百鸟啼，芝廛兰畹自成蹊。
仙舟倒影涵鱼藻，画栋销香落燕泥。
淑景晴薰红树暖，蕙风轻泛碧丛低。
冈头醉梦俄惊觉，歌吹谁家在竹西。
——《增补中州集》卷二八
〔注释〕
廛：音chán。古称一户人家所居的房地。
鱼藻：水草。

感寓　金·曹之谦

中林有幽兰，罗生杂众草。地僻人不知，芬芳空自好。
严霜凋古木，岁晚难独保。愿充君子佩，探撷尚未早。
安得清风来，吹香出林表。
——《河汾诸老诗集》卷八

雒帅觅兰作诗以寄　金·冯璧

云插高牙画戟森，春移宝槛燕堂深。
水南红药初退舍，嵩麓紫兰今嗣音。

茧足赪肩坐香累，高梁华栋岂渠心。
使君有问花应语，玉树诚佳非故林。
——《增补中州集》卷三〇
〔注释〕
雒：音luò。姓。
高牙：牙旗，因其高，故名。
画戟：音huàjǐ。古兵器名，因有彩饰，故称，常作仪仗之用。
红药：花名，芍药。
嵩：山名。
麓：音lù。山脚。
嗣音：连续传寄音信。
赪肩：赪，音chēng。肩头因负重而发红。

魏城马南瑞以异香见贻且索诗为赋二首　金·毛麾

梅心兰甲类元同，气压荀家百和功。
藉润更烦纤手玉，出云初试博山铜。
崇朝日下亭亭盖，三月花间细细风。
我有因缘在香火，鼻端消息为君通。

二卉真香岂复加，便宜编谱入雄夸。
留残一点蔷薇水，幻出诸天薝卜花。
佩带正垂金钿小，熏炉孤起翠云斜。
金笼甲帐豪华事，惭愧桑枢瓮牖家。
——《增补中州集》卷三一
〔注释〕
贻：赠送。
博山铜：古代一种铜制的香炉，表面雕刻作重叠山形。
金钿：钿，音tián。金花钗，妇女首饰，也用以装饰器物。
桑枢：用桑木做门上的转轴，指贫穷人家。
瓮牖：瓮，陶制盛器。牖，音yǒu，窗户。以破瓮之口做窗户，指贫穷人家。

拟古 金·张建

庭前兰蕙窠，三年种不成。门外旱蒺藜，一旦还自生。
第恐伤我足，锄去根与萌。如何一雨后，走蔓复纵横。
——《增补中州集》卷三一
〔注释〕
窠：音kē。通“棵”，植物一株谓之一窠。
蒺藜：音jílí。草名。生于砂地，布地蔓生，表面突起如针状，可入药。

兰 元·杨宏道

叶披花结弱如摧，泽国茫茫正可哀。
秀色亦知归菡萏，秾芳未必胜玫瑰。
使君浩荡乘高兴，小畹殷勤欲自栽。
着意幽香无觅处，暗中不觉袭人来。
——《小亨集》卷四
〔注释〕
菡萏：音hàndàn。荷花的别称。
秾芳：繁盛的花朵。

李夫人画兰歌（为郎中孙荣甫赋） 元·王恽

夫人名至规，号澹轩，亡宋状元黄朴之女。长适尚书李珏子，早寡，今年七十有二。善画兰抚琴，近为郎中孙荣甫作九畹图，若与兰为知闻也。且自叙其后云，予家双井公以兰比君子，父东野翁甚爱之，予亦爱之。每女红之暇，尝写其真，聊以备闺房之玩，初非以此而求闻于人也。郎中以兰省之彦，一日来征予笔，遂诵点污亦何忍，但觉难为辞之，诗以应之。孙求歌诗于予，因乐为赋此者，正取其节而不以其艺故也。秋七月初吉，秋涧老人题。

清闷堂深不知暑，瑶草佳期梦玄圃。孙郎笑折紫兰来，素影盈盈映修渚。李夫人，澹丰容，天然与兰相始终。剡藤一笔作九畹，落墨不减江南工。芳姿元与凡卉异，晔晔况是湘累蘗。离骚不复作，遗恨千古沈幽宫。君看此花有深意，似写灵均幽思悲回风。君家大雅堂，文彩东野翁，并入惨澹经营中。秋风拂帘秋日长，芳霏霏兮泛崇光。淡妆相对有余韵，画栏桂子空秋香。淡轩托物明孤洁，五十年来抱霜节。固知色相皆空寂，妙得于心聊自适。仿像湘娥倚暮花，黄陵庙前江水碧。生平佩服真赏音，升闻紫庭非素心。唤起谪仙摇醉笔，为翻新曲泻瑶琴。

——清·顾嗣立《元诗选》初集

〔注释〕

闷：音bì。意为幽静、幽深。

玄圃：传说中昆仑山顶的神仙居所，种有奇花异石。

渚：音zhǔ。水中小陆地。

剡藤：剡，音yǎn。剡溪出产的藤可以造纸，负有盛名。后称名纸为剡藤。

晔晔：音yè。美盛的样子。

藂：音cóng。聚集，从生。

崇光：高贵华美的光泽。

题赵子固墨兰 元·邓文原

承平洒翰向丘园，芳佩累累寄墨痕。

已有怀沙哀郢意，至今春草忆王孙。

——清·顾嗣立《元诗选》二集

〔注释〕

丘园：家园。

怀沙、哀郢：《楚辞》中的篇名。

题赵子固墨兰 元·韩性

镂琼为佩翠为裳，冷落游蜂试采香。

烟雨馆寒春寂寂，不知清梦到沅湘。

——清·顾嗣立《元诗选》二集

〔注释〕

镂：雕刻。

琼：赤色的玉，一指美玉。

盆兰 元·岑安卿

猗猗紫兰花，素秉岩穴趣。
移栽碧盆中，似为香所误。
吐舌终不言，畏此尘垢污。
岂无高节士，幽深共情素。
俯首若有思，清风飒庭户。
——清·顾嗣立《元诗选》初集
〔注释〕
情素：即情愫。真情，本心。
飒：音sà。风轻轻吹。

题兰 元·林询

幽居种猗兰，丛生满阶庭。
英英异凡卉，春夏常青青。
白露被高洁，天风送微馨。
采采纫佩纕，中心感幽贞。
婉娈桃李花，灼灼含春荣。
终然一娱目，臭味难合并。
——清·顾嗣立《元诗选》癸集
〔注释〕
纕：音xiāng。佩带。
幽贞：代指隐士，亦指高洁坚贞的情操。
婉娈：姿态美好。娈，音luán。
灼灼：色泽鲜明，明亮。

兰 元·郑允端

并石疏花瘦，临风细叶长。
灵均清梦远，遗佩满沅湘。
——清·顾嗣立《元诗选》初集
〔注释〕
沅湘：沅水和湘水的并称。

双头兰和吴应奉韵　元·金似孙

手种盆兰香满庭，闲来趣味独幽深。
敢夸双萼钟奇气，只恨孤根出晚林。
长倩生男不得力，滕公有女谩萦心。
援琴欲和春风曲，却对骚魂费苦吟。
——清·顾嗣立《元诗选》癸集

〔注释〕
谩：莫，不要。
萦心：牵挂在心上。

题郑所南兰　元·倪瓒

秋风兰蕙化为茅，南国凄凉气已消。
只有所南心不改，泪泉和墨写离骚。
——清·顾嗣立《元诗选》初集

题汪华玉子昂兰石二首　元·虞集

海内出珊瑚，枝撑碧月孤。
鲛人拾翠羽，泣露得明珠。

参差不可吹，纫佩寄远道。
遂令如石心，岁晚永相好。
——清·顾嗣立《元诗选》初集

〔注释〕
鲛人：鲛，音jiāo。神话传说中的人鱼，它们流出的泪珠能化作美丽的珍珠。

题信上人春兰秋蕙二首　元·揭傒斯

深谷嫒云飞，重岩花发时。
非因采樵者，那得外人知。

幽丛不盈尺，空谷为谁芳。
一径寒云色，满林秋露香。
——清·顾嗣立《元诗选》初集

题画兰 元·陈旅

九畹光风转，重岩坠露香。
紫宫祠太乙，瑶席荐琼芳。
——清·顾嗣立《元诗选》初集
〔注释〕
荐：陈设。

明上人画兰图 元·王冕

吴兴二赵俱已矣，雪窗因以专其美。
不须百亩树芳菲，霜毫扫动光风起。
大花哆唇如笑人，小花敛媚如羞春。
翠影飘飘舞轻浪，正色不染湘江尘。
湘江雨冷暮烟寂，欲问三闾杳无迹。
忾慷不忍读离骚，目极飞云楚天碧。
——清·顾嗣立《元诗选》二集
〔注释〕
哆：音chǐ。嘴唇松弛下垂貌。
敛媚：收敛妩媚的姿态。
三闾：屈原曾任三闾大夫，此处代指屈原。
忾慷：音kàikāng。愤怒激动。

题画兰卷兼梅花 元·王冕

湘江云尽湘山青，秋兰花开秋露零。
三闾已矣唤不起，蕣荭萧艾春娉婷。
冷飙吹香散郊垧，山蜂野蝶何营营。
幽人脱略境色外，竟坐不读离骚经。

西湖昨夜霜月明，梅花见我殊有情。
逋仙祠前尘土清，老鹤彳亍如人行。
天边缥缈来凤笙，玉壶吴酒颠倒倾。
酒阑兴酣拔剑舞，忽觉海日东方生。
——清・顾嗣立《元诗选》二集

〔注释〕
蓩：音mǎo。草木茂盛的样子。
莸：音yóu。草名，生水边，有恶臭，常比喻恶人。
娉婷：姿态美好。
飙：音biāo。指风。
坰：音jiōng。远郊，野外。
逋仙：指宋朝的林逋，人称和靖先生，终生不仕不娶，唯喜植梅养鹤，自称“以梅为妻，以鹤为子”。 逋，音bū。
彳亍：音chìchù。慢慢地小步走。

题子昂兰竹图　元・吴师道

湘娥清泪未曾消，楚客芳魂不可招。
公子离愁无处写，露花风叶共萧萧。
——清・顾嗣立《元诗选》初集

仲穆墨兰　元・张雨

滋兰九畹空多种，何似墨池三两花。
近日国香零落尽，王孙芳草遍天涯。

叶静斋《草木子》云：“赵仲穆者，子昂学士之子，宋秀王之后裔也。能作兰木竹石，有道士张伯雨题其墨兰诗云。仲穆见而愧之，遂不复作。”

——清・顾嗣立《元诗选》初集

〔注释〕
滋：培植。
国香：代指兰花。

题墨兰赠别于一山之京师　元·张雨

三月愁送客，春寒雨如霰。
冥冥返塞鸿，悄悄栖梁燕。
扬帆五十日，蓬莱望中见。
欲持猗兰操，一奏南薰殿。
——清·顾嗣立《元诗选》初集

〔注释〕

霰：音xiàn。雪珠，雨点下降遇冷凝结成的小冰粒。

猗兰操：古琴曲名，相传为孔子所作，寄托生不逢时、怀才不遇之情。

题兰　元·张翥

鶗鴂声中花片飞，楚兰遗思独依依。
春风先自悲芳草，惆怅王孙又不归。
——清·顾嗣立《元诗选》初集

题赵子固兰蕙图　元·唐升

光风卷里动清芬，遗质如飘白练裙。
七泽霜寒悲楚客，九疑云尽望湘君。
猗猗晏上香犹在，渺渺汀傍佩见分。
片自骑谅去沧海，人间消息绝无闻。
——清·顾嗣立《元诗选》癸集

〔注释〕

白练裙：白娟裁制的裙。

湘君：湘水神。

画兰　元·吴镇

舶趠风下东吴舟，抔土移入漳泉秋。
初疑紫莛攒翠凤，恍如绿绶萦青虬。
猗猗九畹易消歇，奕奕百亩多淹留。

轩窗相逢与一笑，交结三友成风流。

——清·顾嗣立《元诗选》二集

〔注释〕

趠：音chuō。疾行。

抔：音póu。量词。相当于“握”、“捧”、“把”。

莛：音tíng。草茎。

虬：古代传说中有角的小龙。

画兰　元·贡性之

吴刚斫断云根石，不数珊瑚高百尺。
美人林下独含愁，霹雳一声山鬼泣。

——清·顾嗣立《元诗选》二集

〔注释〕

斫：音zhuó。用刀斧砍削。

题赵松雪墨兰　元·宗衍

湘江春日静辉辉，兰雪初消翡翠飞。
拂石似鸣苍玉佩，御风还著六铢衣。
夜寒燕姞空多学，岁晚王孙尚不归。
千载画图劳点缀，所思何处寄芳菲。

——清·顾嗣立《元诗选》二集

〔注释〕

铢：音zhū。古代重量单位，一两的二十四分之一为一铢。

杂诗示宰献　明·刘绍

日暮怀所思，涉江采芳泽。
飘飘兰蕙花，春气满南国。
如何同心人，言笑千里隔。
采之不成遗，中道置愉怿。
凄风忽悲鸣，鶗鴂声恻恻。

恒恐芳意摧，荣华不常得。

——《明诗纪事·甲签》卷一二

〔注释〕

怿：音yì。高兴，欢喜。

兰花篇 明·宋濂

阳和煦九畹，晴芬溢青兰。

潜姿发玄麝，幽花凝紫檀。

绿萝托芳邻，白谷挹高寒。

玄圣未成调，湘累久长叹。

菉葹虽外蔽，贞洁终能完。

岂知生平心，卒获君子观。

杂以青瑶芝，承以白玉盘。

灵风晓方荐，清露夜初漙。

此时不见知，骈罗混荒菅。

春风桃杏华，烂若霞绮攒。

徒媚夸毗子，千金买歌欢。

弃之不彼即，要使中心安。

愿结媺人佩，把玩日忘餐。

——《广群芳谱》卷四四

〔注释〕

煦：音xù。温暖。

麝：音shè。麝香，亦泛指香气。

菉：音lù。草名，用来作牧草，叶片似竹叶。

葹：音shī。一种草本植物，果实可入药。

漙：音tuán。露水很多的样子。

媺人：媺，音měi。古同“美”字。

观画兰有感 明·李东阳

春风吹香出芳林，丛兰开傍西岩阴。

几回欲采意不适，路转溪回山更深。

虚堂披图对幽襟，忽如揽衣度崎坎。
杏坛尼父去已远，湘江屈原空独沉。
我方挥弦坐微吟，微吟未成日将晚。
冰霜欲来侵九畹，兰兮兰兮竟谁管。

——《广群芳谱》卷四四

〔注释〕

崎坎：山路险阻不平。

畹：音wǎn。古代土地面积单位。

杏坛：相传为孔子讲学处。

尼父：对孔子的尊称。

采兰引并序　明·杨慎

广通县东响水关产兰，绿叶紫茎，春华秋馥，盖楚骚所称纫佩之兰也。人家盆植如蒲萱者，盖兰之别种曰荪与芷耳。时川姜子见而采之以赠，予知九畹之受诬千载矣，一旦而雪，作采兰引。

秋风众草歇，丛兰扬其香。
绿叶与紫茎，猗猗山之阳。
结根不当户，无人自芬芳。
密林交翳翳，鸣泉何汤汤。
欲采往无路，局步愁褰裳。
美人驰目成，要予以昏黄。
山谷岁复晚，修佩为谁长。
采芳者何人，荪芷共升堂。
徒令楚老惜，坐使宣尼伤。
感此兴中怀，弦琴不成章。

——《广群芳谱》卷四四

〔注释〕

蒲：植物名。

萱：萱草。古人以为萱草可以使人忘忧，故又称忘忧草。

翳翳：音yì。草木茂盛的样子。

褰：音qiān。撩起。

荪、芷：香草名。荪，音sūn。

建兰　明·文征明

灵根珍重自瓯东，绀碧吹香玉两丛。
和露纫为湘水佩，临风如到蕊珠宫。
谁言别有幽贞在，我已相忘臭味中。
老去相如才思减，临窗欲赋不能工。

——《广群芳谱》卷四四

〔注释〕

瓯：今浙江省温州一代。

绀碧：天青色，深青透红色。

兰花　明·文嘉

奕奕幽兰傍砌栽，紫茎绿叶向春开。
晚晴庭院微风发，忽送清香度竹来。

——《广群芳谱》卷四四

〔注释〕

奕奕：姿态美好。

过宝龙寺　明·马犹龙

幽兰香一室，老柏翠当门。
梅芷经年别，灯花昨夜繁。
清池开白晓，新月带黄昏。
旧日营巢鸟，春来拣树喧。

——《明诗纪事·辛签》卷二四

宋徽宗墨兰图　明·徐氏

懒蕊疏花写泽兰，宣和御墨半凋残。
国香莫道萧条甚，北地风霜不耐寒。

——《明诗纪事·庚签》卷三

〔注释〕

宣和：宋徽宗年号，共七年（1119年—1125年）。

屈山人大均自关中至　明·顾炎武

弱冠诗名动九州，纫兰餐菊旧风流。
何期绝塞千山外，幸有清樽十日留。
独漉泥深苍隼没，五羊天远白云秋。
谁怜函谷东来后，班马萧萧一敝裘。

——《明诗纪事·辛签》卷一三

〔注释〕

隼：音sǔn。属鸟类，飞行速度很快，善攻凶猛。

咏幽兰　清·爱新觉罗·玄烨

婀娜花姿碧叶长，风来难隐谷中香。
不因纫取堪为佩，纵使无人亦自芳。

——《广群芳谱》卷四四

〔注释〕

婀娜：轻盈柔美的样子。

秋兰　清·爱新觉罗·弘历

崇兰泛清飙，婆娑翠带长。
采采欲谁赠，徘徊步中堂。
露彩含茎润，日华映蕊黄。
蜂蝶不知采，古澹含幽光。
我持金剪刀，更携绿筠筐。
非为纫芳佩，爱此王者香。

——《乐善堂全集定本》卷一六

第八章 兰章摘语

——兰的文章举例

本节选取美文20余篇，大体按年代排序。这些兰章美辞有些篇幅过长，为便于阅读，采用节取的方式收录。无论是全篇吸纳，还是章节摘抄，都是在大量“写兰”文章中精心挑选出的，以期把最精华的部分供读者赏析。

幽兰赋　唐·仲子陵

兰为国香，生彼幽荒。贞正内积，芳华外扬。
和气所资，不择地而长。精英自得，不因人而芳。

众草之中，迥为一丛，卑以自牧，和而不同。
扬翘布叶，错翠舒红，宵承皓露，晓泛光风。
倾于阳，希所照无隐；托其地，知其道有终。

宛成章于楚客，爰命操于尼父。
佩之众，匪兰不纫；曲之多，匪兰奚鼓。
夫以薰莸之喻，臭味斯殊。
同之则十年犹有，异之则一日而无。

幽兰赋　唐·杨炯

惟幽兰之芳草，禀天地之纯精。
抱青紫之奇色，挺龙虎之嘉名。
不起林而独秀，必固本而丛生。
尔乃丰茸十步，绵连九畹。茎受露而将低，香从风而自远。

至若桃花水上，佩兰若而续魂；竹箭山阴，坐兰亭而开宴。

隰有兰兮兰有枝，赠远别兮交新知。
气如兰兮长不改，心若兰兮终不移。

度清夜之未艾，酌兰英以奉君。

思公子兮不言，结芳兰兮延伫。

若有人兮山之阿，纫秋兰兮岁月多。
思握之兮犹未得，空佩之兮欲如何。

幽兰生矣，于彼朝阳。含雨露之津润，吸日月之休光。

昔闻兰叶据龙图，复道兰林引凤雏。
鸿归燕去紫茎歇，露往霜来绿叶枯。

幽兰赋　唐·乔彝

纫而为佩，骚人之意已深；间以在衿，楚客之情何远。
薄秋风而香盈十步，泛皓露则花飞九畹。

宜其比同心于先哲，冠美名于前古。
兰在幽兮其芳满丛，士守业兮其道未通。

兰与艾兮异味，薰与莸兮殊途。
一室之人，虽当执我之契；十年之臭，尚可攘公之羭。

兰无薰兮，搴撷之所不及；士无文兮，声华之所不立。

幽兰赋 唐·李公进

幽有寂兮兰有香，香者取其服媚，寂者契其韬光。
是以绿叶紫茎，偶贞士而必佩；深林绝壑，挺奇质而独芳。
观其异彩特秀，结根自远，靡生于门，宁滋于畹。
朝阳照而杂花不得间其荣，光风转兮众草无以齐其偃。
杳杳深处，芬芬绝伦。
保贞操以擅美，发英华以藻春。
叶凝露以珠缀，花含烟而色新。

移于友也，则断金之利；树之庭也，则如玉之珍。

兰之幽兮芳可折，幽无人兮芳不绝。
兰之生兮美自丰，生得地兮美无终。

激余芳以孤映，极幽致而自殊。
则在握者何有，居泽者何无。
兰处幽而转芳，芳无远而不袭。

幽兰赋 唐·李农夫

兰之猗猗，窅窅其香。遁世无闷，抱道深藏。
不以无人而遂废其芳。

揭之扬之。于古有光。不采而佩，于兰无伤。

幽兰赋 唐·韩伯庸

阳和布气兮，动植齐光。惟彼幽兰兮，偏含国香。
吐秀乔林之下，盘根众草之旁。
虽无人而见赏，且得地而含芳。

人握称美，未遭时主之恩；纳佩为华，空载骚人之什。

芬芳十步之内，繁华九畹之中。
乱群峰兮上下，杂百卉兮攒丛。
况荏苒於光阴，将衰败於秋风。

横琴写操，夫子传之而至今；入梦为征，燕姞闻之于前古。

枝条嫩而既丽，光色发而犹新。
虽见辞于下土，幸因遇于仁人。

幽名得而不朽，佳气流而自远。

秋兰辞　宋·高似孙

秋兰兮青青，得道兮如素。娟娟兮好修，行隐隐兮不渝。

秋兰兮英英，含章兮自明。山中兮无人，其与谁兮晤倾？

秋兰赋　宋·高似孙

宛青叶而紫茎兮，花四三丛且瘦。
心两两而一知兮，惊汝我之俱旧。

幽兰赋　宋·高似孙

予乃持其神秀兮，成天地之所难。
陵高姿以吐妙兮，抱幽古而遐观。

幽兰赋（并序）　宋·李纲

兰有二种，花以春者似蕙，花以秋者为菊。

二兰皆喜生于高山深林、阒寂无人之境，
则芬芳郁烈，茂盛而远闻。

邈人迹之不到兮，兰于焉而独馨。

春与蕙兮偕秀，秋与菊兮并荣。或素花而丛本，
或绿叶而紫茎。虽春秋之异种，岂殊德于幽贞。
耿介自许，芬芳谁与？久而不知其香，晦而不改其度。

淑人君子，爱而不忘。
蒸以为藉，沐以为汤。
纫之为佩，刈之为防。

名与实兮兼茂，心与迹兮俱闲。
播清芬于今古，亦何以异于幽兰！

兰国赋为左氏作 宋·姚勉

谓兰有国香兮，载于传感麟之经。
耳孙有味乎斯言兮，差嗜兰以为朋。
若灵均之在郢兮，蜕众浊而独清。
梦天与己国兮，以兰而为名。

户素枝而赤节兮，家绿叶而紫茎。

人好修而信姱兮，俗向清而湎污。
久而不闻其香兮，若居夫沅湘与礼浦。

服兰衽之芬菲兮，结兰佩之陆离。
焚兰膏以为炬兮，兰藉烝以为靡。
启兰宫而擢秀兮，辟兰省以储材。
演纶言于兰坡兮，萃缃帙于兰台。

王氏兰谱 宋·王贵学

竹有节而啬花，梅有花而啬叶，
松有叶而啬香，惟兰独并有之。

兰，君子也。餐霞饮露，孤竹之清标；
劲柯端茎，汾阳之清节；清香淑质，灵均之洁操。

金漳兰谱（跋） 宋·懒真子

其茅茸，其叶青青，犹绿衣郎挺节独立，可敬可慕。
迨夫开也凝情瀼露，万态千妍，熏风自来，四坐芬郁，
岂非真兰室乎！岂非有国香乎！

兰堂记 宋·罗畸

堂之前植兰数十本，微风飘至，庭槛馥然。
予方休乎堂上，欣然笑曰：猗欤兰哉！
是可以名吾堂。兰之为物，幽而芳者也。

噫，兰之德淡然不可以荣辱，何其有道君子也！
故予之于兰，犹贤朋友也，不敢辄玩之。
载以高台，卫以修槛，所以拔其卑污而养其洁也。

兰坡记 宋·释宝昙

兰有国香，人服媚之，此君子之事也；余既滋兰之九畹兮，
又树蕙之百亩，此骚人之事也；兰生深林，不为无人而不芳，
此牧竖樵苏得以凌厉摧折，予故以属野老之事也。

兰亦何有也，载于《传》，歌于《诗》，取于《离骚》，
无实而不副其华，虽子云、相如之工有所不及也。

兰有一茎而一花者，凡绿叶紫茎素枝，皆其昆弟朋友族属。
亦有一茎而数花者，楚人谓之蕙，皆能全沆瀣之正。
亡雪霜之辨，后先凭藉于春，皆此宗也。

其下种兰，如春畦蔬，如夏插秧，
日夕见兰，起居友兰，庶几与兰同薰也。

兰国赋为左氏作　宋·释宝昙

以兰为国兮，蔓草必删。
颇移之吾国兮，国中而皆兰。
为国之道兮，种兰乎观。

山兰赋　南朝陈·周弘让

爰有奇特之草，产于空崖之地。仰鸟路而裁通，视行踪而莫至。挺自然之高介，岂众情之服媚。宁纫结之可求，兆延伫之能洎。禀造化之均育，与卉木而齐致。入坦道而销声，屏山幽而静异。独见识于琴台，窃逢知于绮季。

——《艺文类聚》卷八一

幽兰赋　唐·颜师古

惟奇卉之灵德，禀国香于自然。俪嘉言而擅美，拟贞操以称贤。咏秀质于楚赋，腾芳声于汉篇。冠庶卉而超绝，历终古而弥传。若乃浮云卷岫，明月澄天，光风细转，清露微悬，紫茎膏润，绿叶木鲜。若翠羽之群集，譬彤霞之竞然。感羁旅之招恨，狎寓客之流连。既不遇于揽采，信无忧乎剪伐。鱼始陟以先萌，鶗鴂鸣而未歇。愿擢颖于金阶，思结荫乎玉池。泛旨酒之十酝，耀华灯于百枝。

——《全唐文新编》卷一四七

书幽芳亭　宋·黄庭坚

士之才德盖一国则曰国士，女之色盖一国则曰国色，兰之香盖一国则曰国香。自古人知贵兰，不待楚之逐臣而后贵之也。兰盖甚似乎君子，生于深山丛薄之中，不为无人而不芳，雪霜凌厉而见杀，来岁不改其性也。是所谓遁世无闷，不见是而无闷者也。兰虽含香体洁，平居与萧艾不殊，清风过之，其香蔼然，在室满室，在堂满堂，是所谓含章以时发者也。然兰蕙之才德不同，世罕能别之。予放浪江湖之日久，乃尽知其族姓。盖兰似君子，蕙似士，大概山林中十蕙而一兰也。《楚辞》曰："予既滋兰之九畹，又树蕙之百亩。”以是知不独今，楚人贱蕙而贵兰久矣。兰蕙丛生，初不殊也，至其发华，一干一华而香有余者兰，一干五七华而香不足者蕙。蕙虽不若兰，其视椒榝则远矣。世论以为国香矣，乃曰当门不得不锄，山林之士所以往而不返者耶！

——《山谷集》卷二五

品兰高下　宋·赵时庚

噫！万物之殊亦天地造化施生之功，岂予可得而轻哉？窃尝私合品第而类之，以为花有多寡，叶有强弱，此固因其所赋而然也。苟惟人力不知，则多者从而寡之，强者又从而弱之，使夫人何以知其兰之高下，其不误人者几希。呜呼！兰不能自异而人异之耳，故必执一定之见，物品藻之，则有淡然之性在，况人均一心，心均一见，眼力所至，非可语也。

——《金漳兰谱》卷三

题兰花图卷　宋·赵孟坚

先一短而后一长，疏密成蘩，则自然有生意也。蔟朊处下笔微细，不要相着，当以丫字头蔟下。花既舒放，上着抱花一虚萚，花乘萚随。花体不可萚相反，焦墨点花中凤舌，多则花烂，少则花咽。如抱芝朝阳，迎照三花，皆带七分正面。故凤舌两分，却不可比蔼芳一类点缀。余患后学不知径趣，敬述此语。玉牒赵孟坚识。

——《古书画伪讹考辨》卷上

艺兰记　清·罗文俊

余乡穷僻无园林之胜，足供游览。花卉不恒见，而于兰花尤难得。自求书者多载兰以来，遂得百数十器。瓷斗文石，参差竹荫榕下，风露既酣，箭叶怒发，清和时节，万花纷披如雪。遇晨旭未上清风徐来，徙倚其间浥花中露华。以程君房，墨试蕉白大研，墨光蓝翠绿浮动，窗外芭蕉新展如碧玉。以澄心堂纸临兰亭一过，生香活色萦绕笔端鼻观间。一时心目清凉，骨节开朗，如餐霞吸露，置身阆风瑶圃，不复知有人世间事，亦陶徵君所谓欲界之仙都也。

——《绿萝书屋遗集》卷四

第九章 兰著聚珍
——兰的古籍书目

我国培育兰花的历史已有几千年。在如此悠久漫长的岁月中，我国古人积累了大量栽植、品鉴、养护等方面的经验、技巧。兰蕙又因其姿态优美、王者之香、品格高贵等诸多特质而令人着迷。从爱兰、养兰，再到赏兰、咏兰、画兰，兰花已与华夏民族的传统文化不可分割，成为中华文明的一份子。正是因为对兰融入骨髓的热爱，古人撰写了许多有关兰蕙的著作，抒发情感，交流经验，以至惠泽后人。通过扫叶公司“中国古典数字工程”的资源，对我国古代关于兰花的典籍进行初步整理，约五十余部。这些古籍有讲种兰育兰的，如《金漳兰谱》；有收集兰的诗文逸事的，如《全芳备祖》；有描述绘兰技巧及名画赏析的，如《芥子园画传》；也有总述的，如《兰史》等。今将部分存世古籍列目于下，以供爱兰之士参考。

全芳备祖　宋·陈景沂/著

陈景沂，号肥遯，浙江人，仕履未详。《全芳备祖》成书于宋理宗朝（1225—1264

年）。全书共六十卷，分前、后集两大部分。前集二十七卷，所记皆为花，在第二十三卷中有“兰花”一节；后集第一卷至第八卷为果部、第十卷至第十二卷为卉部、第十三卷为草部、第十四卷至第十九卷为木部、第二十卷至第二十二卷为农桑部、第二十三卷至第二十七卷为蔬部、第二十八卷至第三十一卷为药部。《全芳备祖》是一部重要的古代类书，涵盖诗文、纪事等多方面内容，是谱类著作集大成性质的典籍。我国科学技术史专家吴德铎教授更称其为“世界最早的植物学辞典”。

金漳兰谱　宋·赵时庚/著

赵时庚是南宋宗室的后裔，福建人。《金漳兰谱》成书于宋理宗绍定六年（1233年），是我国现存最早的兰花专著。全书共分三卷，介绍了产于漳州、泉州等地区的三十多个兰花品种，其中也对兰花进行了品评，并阐述了养兰、育兰方法技巧，是一本很实用的古代植兰技术的书籍。

王氏兰谱　宋·王贵学/著

王贵学，字进叔，南宋龙溪（今福建漳州）人。《王氏兰谱》成书比《金漳兰谱》晚14年（即1247年），不分卷，较《金漳兰谱》记述更为翔实。

二如亭群芳谱　明·王象晋/辑

王象晋，字荩臣，明代新城（今山东省桓台县）人。明万历三十二年（1604年）考取进士，官至浙江右布政使。《二如亭群芳谱》成书于1607年至1627年间，也简称为《群芳谱》。全书共三十卷，主要介绍植物栽培的方法技巧，收录的植物多达四百余种。

罗钟斋兰谱　明·张应文/著

张应文，字茂实，号彝斋，江苏昆山人，明代书画家、藏书家。工于文，精于书法，擅长画兰、竹。《罗钟斋兰谱》成书于明万历时期（1573—1620年），书不分卷，内容涵盖了兰花的品种、产地、养植和与兰有关的杂记。

遵生八笺 明·高濂/著

高濂，字深甫，号瑞南道人，钱塘（今浙江省杭州市）人。《遵生八笺》是养生学的专著，共二十卷（含目录一卷），依内容分为八类，每类一笺，故名“八笺”。其中《燕闲清赏笺》收录《兰谱》一节。

十竹斋书画谱 明·胡正言/辑

胡正言，字曰从，号十竹，精研六书，明朝末年曾官武英殿中书舍人，是清初有名的书画家、篆刻家、出版家，曾居住在南京鸡笼山旁。《十竹斋书画谱》约成书于明天启年间（1621—1627年），是流传较广的画谱，不仅有简单的画史介绍，使全书图文并茂，而且使用了水印套色技术，成为印刷史上里程碑式的作品。

兰易 明·冯京第/辑

冯京第，字跻仲，号簟溪，浙江宁波人，明末清初学者，抗清义士。《兰易》分上、下两卷，上卷属名“宋·鹿亭翁著，明·簟溪子校”；下卷属名“明·簟溪子辑”。书中将兰花与易卦相结合的方式来描述兰花的基本习性。收录在《艺海一勺》（赵诒琛辑，1933年排印本）。

兰史 明·冯京第/著

《兰史》按国史的分类方式，分为兰九品（上上品、上中品、上下品、中上品、中中品、中下品、下上品、下中品、下二品）、白品一十九种、外品一十四种、兰本纪、兰世家、兰列传、兰外纪、兰外传。收录在《艺海一勺》。

兰言 清·冒襄/著

冒襄，字辟疆，号巢民，南直隶扬州府泰州如皋县（今属江苏南通）人，明末清初的文学家，卒于康熙三十二年（1693年）。《兰言》不分卷，主要内容是大量摘引前人赞喻兰花的词赋和言语，并附有冒襄本人对兰花的评述以及与兰花有关的纪事。

艺兰要诀　清·吴传沄/著

吴传沄，号升之，江苏苏州人。《艺兰要诀》不分卷，介绍了兰花的栽培技术、判断兰花品种方法等方面的知识。亦收录在《艺海一勺》。

芥子园画传　清·王概等/编

王概，字东郭，又字安节，秀水（今浙江嘉兴）人。《芥子园画传》又称《芥子园画谱》，成书于康熙四十年（1701年）。清代李渔曾在南京建造别墅曰“芥子园”，并支持王概等数人编撰画谱，以此园名之。该书共分三卷，即初集、二集、三集，每集下又分数卷，主要描述绘画知识、运笔技巧，并附以名家名作的临摹画，全书图文并茂，生动实用，是学习美术的教科书。

御定佩文斋广群芳谱　清·汪灏等/著

清康熙四十七年（1708年），汪灏、张逸少等人，奉皇上之命，在《二如亭群芳谱》的基础上，进行补充扩展而成。全书共一百卷，其中《天时谱》六卷、《谷谱》四卷、《桑麻谱》二卷、《蔬谱》五卷、《茶谱》四卷、《花谱》三十二卷（在本书第四十四卷有“兰蕙”一节）、《果谱》十四卷、《木谱》十四卷、《竹谱》五卷、《卉谱》六卷、《药谱》八卷。卷首有康熙皇帝御制序文一篇。

燕兰小谱　清·吴长元/著

吴长元，字太初，浙江仁和人。《燕兰小谱》成书于清乾隆五十年（1785年），共五卷，主要收录当时京城男性旦角64人的著作，其中诗138首（其中画兰诗54首、词3首），杂咏、佚事、传闻共50篇。

兰言述略　清·袁世俊/著

袁世俊，字忆江，江苏人，生活时代在清咸丰、光绪年间。《兰言述略》成书于清光绪二年（1876年），共四卷，记载的兰蕙品种多达一百三十余种，并详细介绍了兰花的栽培技艺、分类方法等内容。在本书《例言》中还提到了周怡亭（清道光时人）曾著有《名种册》、孙侍洲（清咸丰时上海人）曾著有《心兰集》、周荷亭（清同治时浙江宁波人）曾著有《栽法》。

岭海兰言　清·区金策/著

区金策，清代广东人。《岭海兰言》初名《粤兰百种录》，共二卷，记载兰蕙品种一百余种，并介绍兰花品种鉴别和栽培技术等方面知识。

兰蕙镜　清·屠用宁/著

屠用宁，字政曜，荆溪（今江苏宜兴）人，生活时代在清乾隆、嘉庆年间。《兰蕙镜》成书于清嘉庆十六年（1811年），不分卷，主要记载兰花品种及鉴别的方法、培育技术。

第一香笔记　清·朱克柔/辑著

朱克柔，字砚鱼，江苏吴郡（今苏州）人。《第一香笔记》成书于清嘉庆元年（1796年），本名《香祖小谱》，后易今名。书分四卷，介绍了五十余种兰蕙种植、养护的方法等知识。

兰言四种　民国·杨复明/著

杨复明，字鹿鸣，号宾叔，室名灵寿如意室，江苏南京人。擅长金石之学，工于书法，善画兰石，尤以隶书和花卉著称于世。《兰言四种》成书于1924年，分为四编，即《画兰》、《咏兰》、《艺兰》、《评兰》。

种兰法　民国·夏诒彬/著

夏诒彬，字孟质，浙江温州人。《种兰法》成书于20世纪30年代，被收入在《万有文库》第一集《农学小丛书》中。本书从兰的形态、种属、栽培、繁殖、培育、管理、病虫害防治等诸多方面进行阐述。

兰蕙小史　民国·吴恩元/著

吴恩元，浙江杭县人（今浙江杭州）。《兰蕙小史》成书于1923年，全书分三卷，《例言》曰“是编于兰蕙之种植、浇灌、选择诸法，大都采集众说”，介绍了一百六十余种浙江兰蕙名品。

第十章 兰海钩沉
——兰的故事传说

在华夏民族与兰花“交往”的几千年里，发生过许多故事。有些随着历史车轮辗转推进，早已失传，不无遗憾；有些因载入典籍，得以保存，千古流芳；有些口耳相传，至今吟诵。读过“人与兰”的故事，便会知道在中华大地上，从古至今，人们对兰花的喜爱未曾变过，而且有增无减。本章节选部分“人与兰”的故事，大体按时代排序。这些故事无论是证据确凿，还是空穴来风，都是文化海洋里一颗耀眼的珍珠。它们承载了中华儿女对真善美永恒的追求。

燕姞梦兰

郑文公有贱妾曰燕姞，梦天使与己兰，曰：“余为伯鯈，余而祖也，以是为而子。以兰有国香，人服，媚之如是。”既而文公见之，与之兰而御之。辞曰：“妾不才，幸而有子，将不信，敢征兰乎。”公曰：“诺。”生穆公，名之曰兰。

——《左传·宣公三年》

春秋时期，郑国的国君郑文公娶了一名叫燕姞的姑娘。一天夜里，她梦见一位天上使者送给她一枝兰花，并告诉她：“燕姞呀，我是伯鯈（姞姓，又作伯儵，黄帝的后裔，南燕国始祖），是你的祖先，我把这朵兰花送给你，让他做你的儿子。兰花贵为国香，有迷人的香气，如果将它佩戴在身上，人们就会像喜爱兰花一样喜欢你。”燕姞从梦中醒来，伯鯈的话还盘旋在耳侧。于是燕姞就按照梦中使者所说，每天清晨梳洗打扮后，便在衣服上佩戴上一朵鲜艳的兰花。果然，这一举动引起了郑文公的注意，得到了他的垂爱，还赏赐了她一株兰花。

有一天燕姞对郑文公说：“我的地位卑微，万一怀孕了，生下个儿子，很担心有人不相信，请你允许我将兰花作为信物。”郑文公爽快地答应了她的请求。后来，燕姞果然生下了皇子，并为儿子取名叫“兰”，公子兰即是日后的郑穆公。

孔子喻兰

孔子（公元前551—公元前479年）名丘，字仲尼，春秋时鲁国人。司马迁在《史记·孔子世家》中尊其为“至圣”。唐、宋、元、明、清历代朝廷都有追封谥号，如“文宣王”“至圣文宣王”“大成至圣文宣王”“至圣先师”等。孔子删《诗》《书》，定《礼》《乐》，赞《周易》，修《春秋》，并有《论语》传世。“中国古典数字工程丛书”之《子曰》从浩瀚的古典文献中搜集整理出孔子言论约16万字，是《论语》的10倍。《子曰》中收录有关孔子以兰喻人的文章有三段，均不见于《论语》。

（一）

猗兰操者，孔子所作也。

孔子历聘诸侯，诸侯莫能任，自卫反鲁，过隐谷之中，见芗兰独茂。喟然叹曰：夫兰当为王者香，今乃独茂，与众草为伍，譬犹贤者不逢时，与鄙夫为伦也。乃止车援琴鼓之云：

习习谷风，以阴以雨。之子于归，远送于野。

何彼苍天，不得其所。逍遥九州，无所定处。

世人暗蔽，不知贤者。年纪逝迈，一身将老。

自伤不逢时，托辞于芗兰云。

——汉·蔡邕《琴操》

当时，周室衰微，礼崩乐坏，孔子身在鲁国，心系天下。鲁定公享乐怠政，让他很失望。于是孔子开始周游列国，宣传自己的思想主张，治世之道，但是却得不到各国君主政要的重视。14年后，孔子返回鲁国。当路过一处幽静隐隐的山谷时，看到满谷青草，茂密杂生，其中却有几株芗兰（芗同香，谷物之香，淳朴之香）盛开，风姿婀娜，醇香清雅，色彩鲜洁。孔子不由得感叹说："兰者当在殿堂之上为君主绽放，为王者留香；如今却在山谷中与众草为伍，寂寞孤芳。就像圣贤之士，生不逢时，无法施展才华抱负，只能纠缠于卑鄙小人之间。"于是孔子命人停下车马，来到谷边，席地而坐，抚琴而歌。

随行弟子们记录下孔子的吟唱，后汉名士蔡邕编辑《琴操》时收录此歌，名为《猗兰操》，唐代韩愈又效仿续作了一篇《猗兰操》，并称"孔子伤不逢时作"，规格相同，借谱改词矣。

（二）

孔子曰：与善人居，如入兰芷之室，久而不闻其香，则与之化矣；与恶人居，如入鲍鱼之肆，久而不闻其臭，亦与之化矣。

——《说苑·杂言》《孔子家语·六本》

孔子说，和君子贤人交往，被他们的精神品质所感染熏陶，受其教化，不知不觉会成为和他们一样的人。就好比身处于兰芷芬芳的厅堂，幽香郁然，沁润身心；久而久之，习惯了，就感觉不到香气的存在。

与小人、恶人为伍，被他们的卑劣行径所影响诱惑，受其同化，浑浑噩噩地与他们同流合污。就好比行走在卖咸鱼干的集市，恶臭腥臊，刺透鼻肺。时间长了，麻木了，也不会觉得那是臭味。

（三）

芝兰生于深林，不以无人而不芳；君子修道立德，不为穷困而改节。

——《孔子家语·在厄》

这段话是孔子周游列国困厄在陈蔡之间时首先对子路所说的。《子曰·丁编》搜集整理了孔子三件"七日"的故事，其中之一便是"困厄陈蔡七日"。《史记》《庄子》《荀子》《吕氏春秋》《孔子家语》《韩诗外传》《说苑》《风俗通义》等书对这件事情都有记载。

孔子迁居到蔡国有三年了，楚昭王听闻孔子在蔡国，便派使者携带重金来聘请孔子。于是孔子率领弟子们前往楚国去礼拜楚王。陈蔡两国的大夫密谋商量说，孔子是贤人，对各诸侯国的状态弊病洞察得很透彻，楚国是大国，如果孔子为楚国所用，那么对陈蔡两国和我们这些人是很不利的。于是派出门客军卒将孔子一行围困在陈蔡之间的郊野中，使他们与外界无法沟通，以至绝粮七日，不少弟子随从都病倒了。面对如此绝困之境，颜回四处采寻野菜，子贡也偷偷潜出重围，用身上所携带的东西与乡野村人换些米粮。而孔子更是慷慨讲诵，抚琴高歌不止。在此期间，孔子与颜回、子路、子贡等弟子们进行了多翻讨论对答。其中就有这句话：

"兰花生长在幽深的丛林中，虽然人迹罕至，但是它不会因为没人欣赏就不再流芳溢香；君子修养自身道德，不会因为处境穷困就改变气节情操。"

颜回、子贡听闻后，都感叹："夫子之道至大，天下莫能容。"

勾践种兰

《越绝书》曰：勾践种兰于兰渚山。《旧经》曰："兰渚山，勾践种兰之地，王谢诸人修禊兰渚亭。"

——宋·高似孙《剡录》卷十

勾践是越国国君允常的儿子，公元前496年允常去世，勾践继承王位。三年后吴越之战爆发，越国战败，勾践被吴王夫差囚在会稽（今浙江绍兴）。公元前492年，勾践被释放回国，并立志要灭吴雪耻，从此有了"卧薪尝胆"的故事。这个故事传诵千年，妇孺尽知。而人们不太熟悉的是，勾践在卧薪尝胆的这段岁月里，曾种兰花于兰渚山（在今浙江绍兴西南）脚下，间接地成就了另一段千古美谈——"兰亭雅集"。

汉代有人曾在兰渚山建有供行人休息的驿亭，名曰"兰亭"。东晋永和九年三月初三（353年4月22日），著名书法家王羲之与谢安等众多好友相约修禊（古代一种节日，每年三月初三日，到水边嬉游，以消除不祥）。修禊的场所选在了依山带水、丛林茂密、竹声萧萧、兰香徐徐的兰亭。正是这次聚会诞生了不朽佳作——《兰亭集序》。遥想一下当年的情境，数十位风流倜傥的名士公卿汇聚而来，饮酒舒怀，吟诗写赋，妙语频出，酒香伴着淡淡花香，飘浮在幽雅兰亭周围，多么让人心驰神往。

屈原咏兰

扈江离与辟芷兮，纫秋兰以为佩。
余既滋兰之九畹兮，又树蕙之百亩。
时暧暧其将罢兮，结幽兰而延伫。
户服艾以盈要兮，谓幽兰其不可佩。
兰芷变而不芳兮，荃蕙化而为茅。

余以兰为可恃兮，羌无实而容长。
览椒兰其若兹兮，又况揭车与江离。
——《楚辞·离骚》
盍将把兮琼芳，蕙肴蒸兮兰藉。
——《楚辞·九歌·东皇太一》

浴兰汤兮沐芳，华采衣兮若英。
——《楚辞·九歌·云中君》

薜荔柏兮蕙绸，荪桡兮兰旌。
桂棹兮兰枻，斫冰兮积雪。
——《楚辞·九歌·湘君》

沅有茝兮澧有兰，思公子兮未敢言。
桂栋兮兰橑，辛夷楣兮药房。
白玉兮为镇，疏石兰兮为芳。
——《楚辞·九歌·湘夫人》

被石兰兮带杜衡，折芳馨兮遗所思。
——《楚辞·九歌·山鬼》

故荼荠不同亩兮，兰茝幽而独芳。
——《楚辞·九章·悲回风》

茝兰桂树，郁弥路只。
——《楚辞·大招》

屈原，名平，字原。又名正则，字灵均。他在《离骚》开篇写道："名余曰正则兮，字余曰灵均。"这是一种比喻的手法，"正则"和"灵均"分别是"平"和"原"的引申义。屈原是楚武王（名熊通）之子屈瑕的后人，为楚国贵族，在楚怀王（名熊槐，公元前328—公元前299年在位）时为三闾大夫。另一位大夫上官靳尚，嫉恨屈原的才能，又想争宠，便经常在楚怀王面前进谗言，楚怀王怒而疏远了屈原。

司马迁在《史记·屈原列传》中评论说，楚怀王不重用忠贤的屈原，在朝中听信上官大夫和怀王幼子子兰的谗言，在后宫宠爱媚惑的郑袖，在外受张仪的蒙骗，最终落得客死秦国的凄惨下场。（这正是孔子告诫君主所说："唯女子与小人为难养也"。）楚怀王没有远离朝堂奸佞的小人和后宫惑主的女子，成为天下笑柄。

楚怀王长子顷襄王（名横）继位后，依然宠信上官大夫和子兰，把屈原流放到江南。楚王昏庸，小人当道，秦国多次入侵，楚国山河破碎。屈原忧愤苦闷之极，他来到汨罗江畔（今湖南岳阳附近），颜色憔悴，形容枯槁，遇见渔父。两个人在江边有一番对答，表现了两种不同的处世观点，详细内容可见《楚辞·渔父》。其中屈原有句名言："举世皆浊我独清，众人皆醉我独醒。"渔父临走前也说了句名言："沧浪之水清兮，可以濯吾缨；沧浪之水浊兮，可以濯吾足。"最终屈原抱石投江而死。这一天是五月初五，楚人每到这一天就会到江边祭奠他，这也是端午节的由来。

《楚辞》是屈原创作的一种文体，一直流行到汉代。屈原所作《楚辞》今存共26篇，其中有10篇20余处涉及兰花，可见屈原对兰的喜爱非同一般。兰花生性顽强不屈，品格高洁，如屈原在《楚辞·渔父》中所说："宁赴湘流，葬于江鱼之腹中，安能以皓皓之白，而蒙世俗之尘埃乎。"

芳兰生门

时州后部司马蜀郡张裕亦晓占候，而天才过群。谏先主（指刘备）曰："不可争汉中，军必不利。"先主竟不用裕言，果得地而不得民也。

裕又私语人曰："岁在庚子，天下当易代，刘氏祚尽矣。主公得益州，九年之后，寅卯之间当失之。"

先主常衔其不逊，加忿其漏言，乃显裕谏争汉中不验，下狱，将诛之。诸葛亮表请其罪，先主答曰："芳兰生门，不得不鉏。"裕遂弃市。

——《三国志·周群传》

周群，字仲直，善占候之学。张裕，字南和，才学还在周群之上。三国名将邓芝年轻时听说张裕善于相术，前去拜见。张裕对他说："你年过七十，位至大将军，封侯。"邓芝后来确实封车骑将军、阳武亭侯。

张裕曾劝谏刘备说，不可与曹操争夺汉中，用兵必然会不利。刘备不听，结果占领了汉中，却得不到那里的民心。

张裕还私下对人说过两件事情。一是，在庚子年时，即公元220年，天下将改朝换代。（这一年曹丕登基称帝，汉朝正式灭亡。）二是，主公刘备得益州九年之后会失之。［这是在说"荆州"之事。刘备在建安十五年（210年）左右领荆州牧，关羽在建安二十四年（219年）败走麦城，失荆州。孙权杀关羽之后，又让刘璋做了名义上的益州牧。］

这些话被人传到刘备耳中。刘备心中记恨张裕过往言行不谦逊、不谨慎，而且屡次"泄露天机"。便找借口将其下狱，要杀他。诸葛亮上表替他请求免罪，刘备回答说："即使是芳兰，生长在门口，妨碍进出行走，也不得不锄去。"遂斩于市。金代王若虚在《滹南集》卷二十六《君事实辨》中评论说："呜呼，先主天资仁厚，有古贤君之风，至于此举，乃与曹操无异，惜哉。"而明代陈耀文在《天中记》卷五十三引《典略》中却将核心事实转嫁移植："曹操杀杨修，曰：芳兰当门，不得不除。"这显然与正史相谬。但人们皆用"芳兰生门"来表明"人纵有才能，若其举止逾越常规，有碍他人，亦不被赦免，而遭清除"的意思。

契若金兰

山公与嵇、阮一面，契若金兰。

——《世说新语卷五·贤媛》

山涛，字巨源，河南人，政治家。他少年时就失去双亲，日子过得很艰辛，但十分好学，尤其喜欢老庄之学。山涛为人淡泊名利，早年隐世不出，与嵇康、阮籍一见面，即"契若金兰"，成为莫逆之交。嵇康，字叔夜，安徽人；阮籍，字嗣宗，河南人，二人都是魏晋时名士，精通老庄之学。

"金兰"一词源于《周易·系辞上》："二人同心，其利断金；同心之言，其臭如兰。"指友情似金石般坚硬、如兰花般沁香。

兰菊丛生

晋罗含字君章，幼孤为叔母宋氏所养。及长有志向。尝昼卧梦一文鸟飞入口中，自是藻思日新。与谢尚为方外友。尚称之曰："湘中琳琅也。"尝为桓温别驾，于城西立茅舍以居，织草为席，布衣疏食，晏如也。征为尚书郎，历散骑常侍。年老，致仕还家，阶庭兰菊丛生。人以为德行之感也。

——《山堂肆考》卷八一

罗含，字君章，西晋惠帝元康二年（292年）出生在湖南衡阳郡（今衡阳市）。年幼时就失去双亲，成为了孤儿。婶婶宋氏抚养他长大。罗含是个很有志向的人。有一次，他白天小睡，竟然梦到有一只带有花纹的大鸟，飞入了他的口中。从那以后，他的文采大增，并与谢尚成为了很好的朋友。谢尚是西晋名士谢鲲的儿子，才情超群，为人洒脱，曾镇守边疆，颇有政绩。谢尚对罗含的评价很高，称赞其为"湘中琳琅"（琳琅指精美的玉石），更有后人评价其为"东晋第一才子。"

罗含曾在桓温府上任职，虽居高位，仍然住着茅草屋，穿着粗布衣服，吃着简单

的饭菜，过着朴素的生活，即使宴请宾朋，也是清淡简单。到了晚年，罗含便退休返回故乡。令人意想不到的是，家里的庭院多年无人打理，并没有杂草丛生，而是长满了兰花与菊花，花叶繁盛，香气宜人。乡亲们都说，这是因为罗含人品高杰，感召上天所致，应是福报。

谢庭芝兰

谢（安）太傅问诸子侄："子弟亦何预人事，而正欲使其佳？"诸人莫有言者。车骑（谢玄）答曰："譬如芝兰玉树，欲使其生于庭阶耳。"

——《世说新语·言语》

唐代诗人刘禹锡有一首诗《乌衣巷》："朱雀桥边野草花，乌衣巷口夕阳斜。旧时王谢堂前燕，飞入寻常百姓家。"诗中的"王谢"是指东晋时期的两个豪门旺族王家和谢家，这两个家族都居住在乌衣巷（位于今南京市）。王家的代表人物是王导，官居丞相，谢家的代表人物是谢安。

谢安，字安石，仪态潇洒，聪明睿智，丞相王导很看重他。朝廷多次召他做官，但没过多久他就称病辞职，隐居在会稽东山（在今绍兴市）。东晋时期的朝政一直不稳，国运不济。谢安四十多岁的时候，大将军桓温请他出任司马，他不肯。有人劝他说："安石不出，将如苍生何。"谢安感到惭愧，终于出山了。成语"东山再起"就由此而来。

有一天谢安（谢安去世后，朝廷追封为太傅，所以文中称其谢太傅，以示尊重）训诫家族中各位子侄说："小子们都想要参与大人之事？好好想想要怎样才能办得好？"因为有些事情很敏感，不能明说，谢安在话中隐含的意思是，你们都存有觊觎晋室权力的心思吗？要怎么做才合适呢？众人面面相觑，没有人能回答。这时谢安的侄子谢玄（谢玄去世后，朝廷追封为车骑将军，所以文中称其车骑）站出来说："譬如芝兰玉树，欲使其生于庭阶耳。"谢玄的这个回答也比较隐晦，表面意思是芝兰玉树在庭院堂前生长盛开，供主人欣赏。实际他是说我们应像芝兰一样，不争权势，不求非分，而且还要为国分忧，报效朝廷。这个回答让谢安很满意，他对谢玄很看重。

后来前秦皇帝苻坚率领大军号称百万之众进攻东晋，谢安出任大都督，在朝中运筹帷幄，前线的指挥官则是谢玄。叔侄二人联手力挽狂澜，击败苻坚，在太元八年（383年）取得了"淝水之战"的胜利。消息传来，谢安正与客人下棋，漫不经心地说，"小儿辈遂已破贼"。

"芝兰玉树"为谢玄少时所说，一句话留下千古传奇。后人用"芝兰玉树"来比喻德才兼备有出息的子弟。

罗畸友兰

宋罗畸元祐四年为滁州刺史。明年，治廨宇于堂前植兰数十本为之记，曰："予之于兰犹贤朋友，朝袭其馨，暮撷其英，携书就观，引酒对酌。"

——《山堂肆考》卷一九八

罗畸，字畴老，是北宋时期的文人，福建沙县人。熙宁九年（1077年），考取进士，走上仕途。到了元祐四年（1089年），就当上了滁州刺史。因为他十分喜爱兰花，在任职的第二年，便在官舍的庭院里种植了数十丛兰花。每逢花开时节，微风过庭，幽香四溢，十分宜人。为此他还特地写了一篇《兰堂记》以抒发对满院兰花的喜爱。他说，自己和兰的关系就如同知心朋友。早上起来闻着花香，便一天心情很好；到了晚上，坐在兰花旁，一边赏花，一边读书，很是惬意。遇到高兴的事，还可以和它饮酒对酌，举杯言欢。

花中十友

曾端伯《十友调笑令》云："取友于十花。芳友者兰也；清友者梅也；奇友者蜡梅也；殊友者瑞香也；净友者莲也；禅友者薝卜也；佳友者菊也；仙友者岩桂也；名友者海棠也；韵友者荼蘼也。”

——《锦绣万花谷》后集卷三七

曾慥，字端伯，宋代道教学者、诗人，靖康元年（1126年），曾任仓部员外郎，官至尚书郎。晚年隐居修道，主张“学道以清净为宗，内观为本”。后人将其列为理学名臣，进祀乡贤祠。

曾慥曾作《十友调笑令》，把十种性情迥异的花，比作人的十种朋友。兰花因“王者之香”的特质，被冠以“芳友”。称兰花为芬芳之友，并非曾慥首创，应取材于唐太宗李世民的《芳兰》诗：“会须君子折，佩里作芬芳。”

会叔育兰

马大同，色碧，壮者十二萼，花头肥大，瓣绿片多红晕，其叶高耸，干仅半之。一名朱抚，或曰翠微，又曰五晕丝，叶散端直冠他种。

——《王氏兰谱》

马大同，字会叔，号鹤山先生，严州建德人。宋高宗绍兴二十四年（1154年）中进士，后来官至户部侍郎。建德现隶属于浙江省杭州市，建德境域水系属钱塘江流域，有新安江及其支流寿昌江和兰江、富春江4条较大河流。马大同的家乡就在风景优美的富春江地区，这里动植物资源丰富，花卉品种繁多，尤其盛产兰蕙。兰花是高洁、典雅、坚贞、顽强的精神象征。马大同自幼在兰蕙芬芳的环境中长大，兰花的品质对他有很深的影响。据清光绪《严州府志》记载，马大同为官时以刚强正直闻名，高宗皇帝曾对宰相说，召马大同奏对时，朕与之辩论，其超然不凡，气节可嘉。

马大同退休后，回归故里，以培育兰花为乐，以兰流芳后世。以他的名字命名的兰花，花色碧绿，花头肥大，花瓣中多伴有红晕，花萼多为12片，叶高丛，枝干短。这种兰花还有多个别名，如‘朱抚’‘翠微’‘五晕丝’等，但均不及‘马大同’一称响亮。

仙翁赠兰

蒲统领，色紫，壮者十数萼，淳熙间蒲统领引兵逐寇，忽见一所，似非人世，四周幽兰，欲摘而归，一老叟前曰：“此处有神主之，不可多摘。”取数颖而归。

——《王氏兰谱》

在闽（福建）浙（浙江）交界的山区，山清水秀、峰峦叠嶂，这里虽然风景优美，但同时也是盗匪盘踞之地。宋淳熙年间（1174—1189年），一位姓蒲的统领（不知其名）率领兵士，例行剿匪。由于土匪大多来自于本乡本土，熟悉地形，山林对于他们而言，如同自家后院一般。所以这位蒲统领剿匪，常常是疲于奔命，无功而返。

一次剿匪竟然又遇上一场大雾，士兵迷路了。当大雾散去时，众人发现眼前的景象竟是平生第一次所见：一片开满兰花的山谷，紫色紫光，姿态婉丽；周围环绕着悦耳动听的鸟叫虫鸣，飘荡着令人陶醉的香气。这是绿的世界、兰花的海洋，宛如仙境。蒲统领迷醉其中，看着眼前数不尽的不知名的兰花，欣喜欲狂，正打算下令多多挖掘，蓦然间出现了一位手拄拐杖的老翁。老翁对蒲统领说："此处兰花乃是仙人所植，有神灵护佑，不可妄动。将军能来至此，也算是有缘之人，小人擅自做主，特许将军采撷几株，万万不可多取，然后速速离去，切记切记。"说完便隐去无踪了。蒲统领等人被惊得目瞪口呆，直觉得如同梦境一般。等从恍惚中渐渐回过神来，蒲统领急忙脱下披风，选择了几株品相上好的兰花，小心挖出，仔细包好，然后恋恋不舍地率人离去。

蒲统领回到官衙后不久，便辞官挂印而去，寻一处不知名的山间佳境结庐而居，从此远离刀兵，精心培育这几株来自仙境的兰花。当这种"紫兰"在世间盛传开的时候，人们便以'蒲统领'来命名以纪念他。

时庚痴兰

予时尚少，日在其中，每见其花好之。艳丽之状，清香之夐，目不能舍，手不能释，即询其名，默而识之，是以酷爱之心，殆几成癖。

——《金漳兰谱》自序

赵时庚是南宋时人。他的祖父官至朝议郎，辞官后，从南康（今江西赣州）返回故里福建，搭建房屋、开渠引泉、种植竹林、修建凉亭，郡侯博士伯成为其命名"筼筜世界"。后来赵时庚的祖父又向东扩建了数间房屋，取名"赵翁书院"。庭院依山而建，幽静阴凉；院里栽植了各色花草树木，繁茂茁壮，景色宜人。赵时庚小的时候，天天在院中嬉戏玩耍，于百花中独爱一种花。这种花的色泽艳丽，清香扑鼻，他每每看到，都目不转睛看上好长时间，迟迟不愿离开。因为年纪尚小，他还不能辨别花的品种，问过家人才知道这种花就是兰花。他对兰花的喜爱程度几乎到了痴迷的状态。种花、养花、赏花，乐在其中。如遇到新奇的品种，一定要购买回来，精心栽种，仔细研究它的花色、品目及培育方法。

在赵时庚的精心培育下，"赵翁书院"里的兰花种类众多，花色各异，茎叶繁盛，很是壮观。而他对于养兰、赏兰、鉴兰更是多有心得，却苦于无处切磋。一天，一位友人来访，赵时庚设宴款待，与之吟诗作对，饮酒抚琴，好不畅快。酒足饭饱后，二人在院中喝茶赏花，朋友偶然问起关于兰花的品目、培艺技巧。赵时庚如获知音，便娓娓道来，他的表述条目清晰、翔实有用。朋友感叹道，“好东西怎能你一人独有，应与人分享，并要广泛传播，惠及天下”。赵时庚听了，十分赞同，于是潜心写书，书定稿于绍定六年六月（1233年），编为三卷，取名《金漳兰谱》，以续前人《牡丹谱》、《荔枝谱》。

《金漳兰谱》是一部记录翔实的兰花专著，是兰谱中的典范，对后世影响很大。此书主要介绍产于漳州、泉州等地的三十多个兰花品种，对兰花进行了品评，并深入阐述了养兰、育兰的方法及技巧，是一本很实用的古代植兰技术书籍。

赵氏一门

赵孟頫，字子昂，号松雪道人，浙江湖州人，宋室皇族，才气英迈，入元为官，深受元世祖（忽必烈）的赏识和器重。写得一手好字、画得一手好画，至今为人称绝。而他的夫人与儿孙在绘画上也有很高成就。

（一）

元管道升《着色兰花卷》：善画兰者，故宋推子固，吾元称子昂，堪为伯仲。兹卷管夫人所绘，非固非昂，复有一种清姿逸态，出人意外，且以承旨手笔六法并臻，尤称双璧，得未曾有。

——《珊瑚网》卷四二

管夫人名道升，字仲姬，赵孟頫的妻子，元代著名的才女，工于诗，善画，尤擅画墨竹梅兰。赵孟頫称她：“不学诗而能诗，不学画而能画。”她曾评点当世善于画兰、造诣精深的人有两位，一位是赵孟坚，另一位便是自己的相公赵孟頫，而且他们绘画技艺不分伯仲。赵孟坚字子固，赵孟頫宗兄，精诗善文，擅长画梅兰竹石，笔法飘逸可爱。清代文艺批评家吴其贞在《书画记》卷一中评价赵子固《幽兰图》云：“画法松秀，风韵高标，独步古今。”赵氏兄弟在绘画上的成就是有目共睹的，管夫人能“举贤不避亲”，坦坦荡荡。

绘兰的技艺，管夫人更是非同凡响，风格与子固、子昂都不相同。她的《着色兰花卷》或许因以女性细腻的视角去观察、描绘兰花，反而别有一种出人意料的清姿逸态。她的画法技巧同其丈夫的手笔六法一样精湛，但绝不雷同，可谓双剑合璧、相得益彰，前所未有。《书画记》卷六称赞管夫人：“用笔熟脱，纵横苍秀，绝无妇人女子之态。伟哉！”而她与赵孟頫这段姻缘也被后世传为佳话。

（二）

赵仲穆者，子昂学士之子，宋秀王之后也。能作兰木竹石，有道士张雨题其《墨兰》诗曰："滋兰九畹空多种，何似墨池三两花。近日国香零落尽，王孙芳草遍天涯。"仲穆见而愧之，遂不作兰。

——《山堂肆考》卷一六六

赵雍，字仲穆，是赵孟頫的儿子。他也善画，尤其擅长画兰、竹、石。俗说"虎父无犬子"，其书法、文学造诣都可圈可点。

张雨，字伯雨，是元代著名的文人。他出生在人杰地灵的浙江，文章、书法、绘画样样精通，后出家为道士，道号"贞居子"，自号"句曲外史"。元仁宗皇庆二年（1313年），他跟随王寿衍（道士陈义高的弟子）来到京城，住在崇真万寿宫。张雨作的诗文传诵极广，所以他因诗而名扬四海，帝都的名士多愿与之交往。

张雨曾拜赵孟頫为师，跟他学习书法技巧，所以与赵雍早就相识。俩人聚在一起总要切磋画艺书法，互相指点。有一次，赵雍拿出一幅自己刚刚完成的得意之作《墨兰》，让张雨点评。张雨看后，默不作声，只是提笔在画上写了几句诗："滋兰九畹空多种，何似墨池三两花。近日国香零落尽，王孙芳草遍天涯。"赵雍看了这几句诗，倍感羞愧，因为他知道，这是张雨在暗讥他们父子。兰花是王者之香，代表着高贵的气节，所以屈原种植了大片的兰花以明志。而他以一个宋朝皇族的身份，忘记家破国亡之恨，却甘愿在外族统治的朝廷为官，怎配得上如此清雅贵气的"王者之香"。从此以后，赵雍再也没画过兰花。

（三）

凤，字允文，画兰竹与乃父乱真，集贤每题作已画，以酬索者，故其名不显。麟，字彦征，以国子生登第，今为江浙行省检校，善画人马。

——《图绘宝鉴》卷五

赵凤是赵雍的儿子、赵孟頫的孙子，擅长画兰花与竹子。而且他所画的兰、竹无论风格还是笔法，均和其父相似，甚至可以达到以假乱真的程度。为此，赵雍经常把儿子作的画题上自己的名字，以应付众多慕名而来索画的人。赵雍这个不经意的举动，不仅埋没了儿子的画名，也迷乱了后人的视线。现在传世的赵雍竹兰画作，到底哪些是他亲力亲为，哪些是出自赵凤之手，是令鉴赏家们很头痛的问题。

赵凤的弟弟、赵雍的次子赵麟，字彦征，以国子生的身份考取进士，官为江浙行省的检校。他十分擅长画人物及马匹。在中国古代绘画史上，一个家族出了如此多的画家，已是鲜有，而绘画技艺又如此高超，更是少之又少。

所南画兰

郑所南工写兰，不妄与人。邑宰求之不得，因胁以他事。所南怒曰：“头可斫，兰不可得。”

——《福建通志》（乾隆二年）卷六六

郑思肖，字忆翁，号所南，南宋末年出生在福建，工于诗，擅长绘画，尤其喜欢画兰花。每次画兰，图成必毁之。南宋灭亡，元朝入主中原后，他只朝南面坐着。有人问他为什么要这样做？他说，大宋江山被元人占领了，这是种耻辱，而如今那些当政的汉人不以为耻，反以为荣，我不愿与之为伍。如果有达官贵人向他求兰花图，他总是吝啬得很，百般推脱。一次县官向他邀画，他没有答应。县官便拿别的事来作文章，要挟他作画。郑思肖十分生气，说：“要头可斫，兰不可得！”然而凡夫俗子向他索画，只要能对他的脾气、顺他的心意，他却从不与之计较，爽快答应。不过他所作的兰花图，却从来不画泥土。旁人都不理解他的做法。他解释道，好好的中华大地，国土都不在了，我还怎么忍心下笔画土？

郑思肖一生酷爱画兰，《图绘宝鉴》卷五记载，他曾作过一幅墨兰图。画上的兰花，株株天真可爱、灿烂夺目、超群脱俗，为画中精品。郑思肖落款题云：“纯是君子，绝无小人！”并赋诗其上云：“一国之香，一国之殇。怀彼怀王，于楚有光。”他的亡国之痛，爱国之真，都跃然纸上。

朱德栽兰

朱德元帅参观北京中山公园兰花展览时，赋诗《咏兰展》：

春来紫气出东方，万物滋生齐发光。
幽兰新展新都市，人人交口赞国香。
幽兰吐秀乔林下，仍自盘根众草傍。
纵使无人见欣赏，依然得地自含芳。

兰花被孔圣人喻为“王者之香”，千百年来人们对它的喜爱有增无减。朱德元帅也很喜爱兰花，不仅仅因为兰花的不凡气质，也因为兰花承载了他对亡妻伍若兰的哀思。新中国成立前，因为战事需要，朱德经常转战南北。他每到一处新的居所，都要在房前屋后栽盆兰花。新中国成立后，他在北京住处专门开辟了一块地，种植兰花，并取名为“兰苑”。在四川仪陇，家乡人铸立铜像来纪念他的丰功伟绩，在铜像旁边也修建了“兰苑”。

朱德不仅自己爱兰、种兰，也影响着身边的工作人员。在他的《杭州杂咏》中就有一首记录他与同事一起种植兰花趣事的诗：

春日学栽兰，大家都喜欢。
诸君亲动手，每人栽三盆。

诗句语言简洁朴实，却生动形象，元帅弯腰植兰的身影、沾满泥土的双手、爽朗洒脱的笑音，犹在眼前。元帅生前创作了大量吟咏兰花的诗篇，他的《咏兰展》末尾四句还被印在了1988年《中国兰花》系列特种邮票上。

胡适吟兰

《希望》

我从山中来，带得兰花草；种在小园中，希望开花好。
一日望三回，望到花时过；急坏看花人，苞也无一个。
眼见秋天到，移花供在家；明年春风回，祝汝满盆花！

——1922年7月1日《新青年》第9卷第6号

“我从山中来，带得兰花草……”这是20世纪80年代遍唱海峡两岸、大江南北且至今经久不衰的一首“校园歌曲”。但歌曲的词作者，却鲜为人知，甚至署词作者为“佚名”云云。其实词作者就是现代著名学者、历史学家、文学家、新文化运动的倡导者胡适先生。胡适，字适之，1891年出生在安徽绩溪。《希望》创作于1921年深秋的北京钟鼓寺14号院（今钟鼓胡同）。胡适家院子里养着一盆朋友送给他的兰花，寒冬将至，他命人将其移入屋内。恰巧此时他的妻子江冬秀已怀孕数月，不久后即将临产，胡适先生有感而发，即兴赋了这首小诗。之所以取名“希望”，是表达对新生命、新时代到来的期盼。早在1920年，胡适就发表了第一部白话诗集——《尝试集》，这也是中国文学史上首部白话诗集。著名的《蝴蝶》诗就收录其中。《希望》正是用白话文形式创作的，文风朴实、字句简单易懂，却不乏生趣活泼，也正符合他“不作无病之呻吟”，须“言之有物”的文学主张。

鲁迅赋兰

1931年鲁迅在《送O・E・君携兰归国》一文中写道：“椒焚桂折佳人老，独托幽岩展素心。岂惜芳馨遗远者，故乡如醉有荆榛。”

鲁迅对兰花的喜爱源于家传。他在给日本友人山本初枝的信中就曾写道，“我的曾祖父曾经栽培过许多兰花，还特地为此盖了三间房子”。这足以看出周家对兰花的珍视。而每年到了二三月份兰花开放的时节，他还会和兄弟们去会稽山、兰渚山游玩、采兰。鲁迅对兰花的钟爱当然不仅仅是受家风影响，更是因为兰花自身的特性——品质高贵、姿态清丽、傲骨脱俗。

鲁迅的一位日本友人名叫小原荣次郎（O·E·君），在日本经营文玩和兰草。1931年，他准备从上海返回日本。鲁迅为好友送别，看到朋友的行李里准备携带回国贩卖的兰花，十分感慨，随即赋诗一首，作为离别留念。鲁迅借用“椒焚桂折”来隐喻故乡虽美，但多生“荆榛”，不得不“遗远”的痛苦；明白地表达了对时局深深的愤懑，以“兰花”的“素心”来宣示自己绝不屈服。

梅派兰姿

《谁是中国今日的十二个大人物》（作者胡适）：“我们看《密勒氏评论报》上的选举结果，康有为只三十二票，比梅兰芳只多十票，而比宋汉章还少五票，未免有点不平。”

——1922年11月19日《努力周报》第29期

《密勒氏评论报》是民国时期美国人在上海办的英文报纸。1922年曾经搞过一个全国性的投票评选活动，征求读者选举“中国今日的十二个大人物”，活动从10月开始到1923年1月1日截止，每周选一次，每周都公布一次评选结果。被选过的人可以重复被选。胡适先生在文章中列举了几期被评进前十二的大人物，比如：“孙中山331票”“顾维钧323票”“冯玉祥313票”“蔡元培246票”等。从胡适先生的这段话可以看出梅兰芳先生也曾被民众评选过，这一年梅兰芳28岁。

京剧大师梅兰芳（1894—1961年），名澜，又名鹤鸣，字畹华，别署缀玉轩主人，艺名是“兰芳”。梅兰芳是“梅派”艺术创始人，他对京剧进行了很多改革和创新，把京剧艺术推上了巅峰，其中“兰花指”堪称绝艺。

兰花指，因形似开放的兰花而得名。《芥子园画传·兰谱》强调“写花必须五瓣”，正合手指之数。因兰花有君子之风，“兰花指”也称“君子指”，且指法多样。据说还有本叫《兰花品藻》的书，专门教人如何鉴赏、锤炼和保养兰花指。“兰花指”在近代则多见于戏剧表演，对于旦角尤其重要。梅兰芳的“五十三式兰花指”灵动多姿，极大丰富了角色的肢体语言，使剧中人物的内心情感得到更充分的表达。以指法作为戏剧表演的关键手段，是中国悠久的表演艺术至臻至善的特征，它从未被国际艺术理论大师所认识，但却能从我们深邃悠久之兰文化中寻根问源。

抗日战争期间，梅兰芳蓄须明志，坚决不为侵略者演戏。梅先生的民族气节确实当得起“兰芳”之名。

参考文献

陈心启，吉占和. 1998. 中国兰花全书[M]. 北京：中国林业出版社.

陈心启，刘仲建，罗毅波等. 2009. 中国兰科植物鉴别手册[M]. 北京：中国林业出版社.

陈心启. 2011. 国兰及其品种全书[M]. 北京：中国林业出版社.

关文昌. 2006. 中国兰蕙新编[M]. 北京：中国林业出版社.

刘清涌，吴森源. 2005. 中国兰花名品档案——建兰[M]. 北京：中国林业出版社.

莫磊，凌华，陈德初. 2009. 兰花名品故事[M]. 北京：中国林业出版社.

莫磊. 2006. 兰花古籍撷萃[M]. 北京：中国林业出版社.

莫磊. 2007. 兰花古籍撷萃（第2集）[M]. 北京：中国林业出版社.

钱光斌，刘然，王长华. 2010. 图说中国兰花鉴赏[M]. 成都：四川科学技术出版社.

史宗义. 2015. 养兰实用全书[M]. 福州：福建科技出版社.

许东生. 2011. 国兰名品赏鉴[M]. 北京：中国林业出版社.

杨大华，林厦光，王益蓉. 2011. 图说国兰叶艺美[M]. 北京：中国农业出版社.

叶军然. 2006. 江浙春蕙兰欣赏与鉴别[M]. 福州:福建科学技术出版社.

张绍升，罗佳，刘国坤等. 2009. 兰花常见病虫害速诊快治[M].福州：福建科学技术出版社.

赵令姝. 2007. 中国养兰集成[M]. 北京：中国林业出版社.